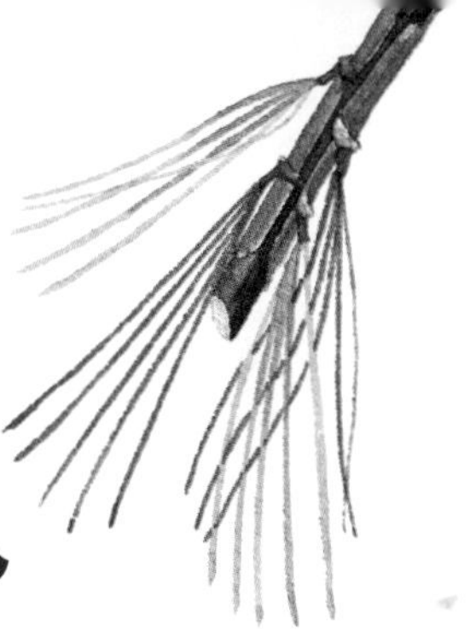

吃出堅果的學問

陳瑩婷－著
張逸、韓蘇妮－繪

堅果是不容易吃到的——剝開它們堅硬的外殼，要耗費不少時間。當速食成為不得已的習慣，慢慢來就變得那樣珍貴。

奢侈，從來就與金錢無關，最大的奢侈，莫過於可以恣意做你喜歡的事，比如：嘎蹦！嘎蹦！吃堅果囉！

目錄

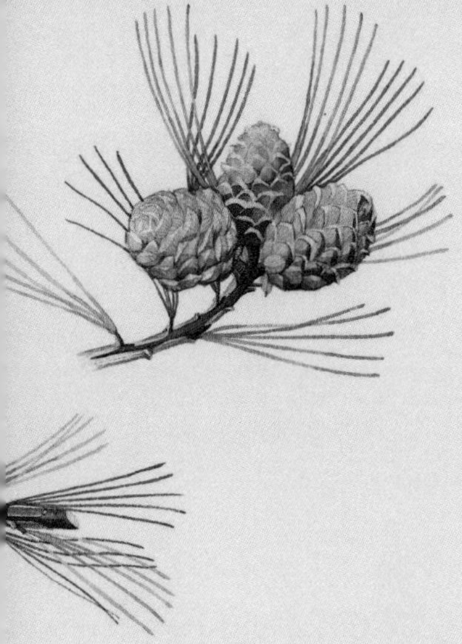

【珍饈】

【年節】

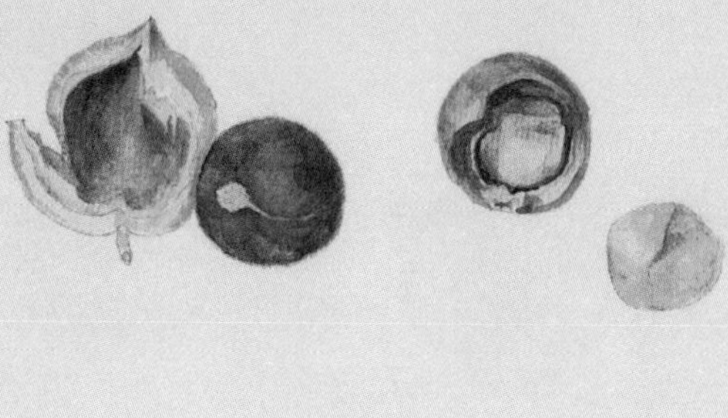

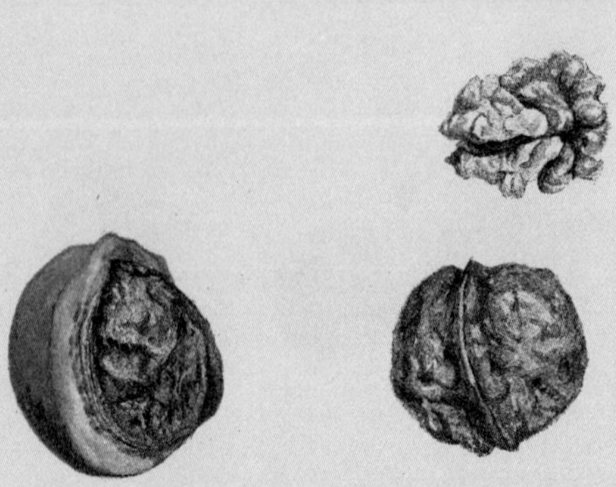

嗑・閒

當你閒了，不妨去參加一群堅果的狂歡，它們會讓你的手指熱鬧到沸騰：巴旦木、杏仁、鮑魚果、核桃、碧根果……

巴旦木 Almond

花容神物毒心味 · 苦甜皆是仁生味

《聖經》作為世界上知名度最高、普及面最廣、讀者群最龐大的經典巨著，對西方文化有著無比深遠的影響。其中記載的動、植物大多成為西方社會具有象徵意義的神物。《聖經》裡提過一個「神跡」：猶太教的第一祭司長亞倫（Aaron）的手杖有一天居然發芽開花了，並結成一種可食的果子，如此「神跡」意味著神認可亞倫和他的弟弟摩西當以色列百姓的合法領導人。有趣的是，有人做過統計，發現這款神果竟在《聖經》中出現了十次

之多。不禁讓人想問：這樣深受《聖經》青睞又被賦予崇高涵義的果子究竟是什麼呢？

答案就是當今堅果舞臺上的主角之一——巴旦木（我們常稱為「杏仁果」）。

縱觀西方文化史，這款「血統高貴」的堅果確實身兼宗教、民族和社會等多重意義，如同許多人在年節時愛嗑瓜子，並嗑出曖昧、深厚的「瓜子情結」一樣，巴旦木在西方社會生活也扮演著特殊角色。

據說，古埃及人把巴旦木視為珍貴食材，會特地在法老食用的麵包中加入巴旦木仁。而古羅馬人結婚時，賓客會把巴旦木撒向新婚夫婦，以祝願他們多子多福（與我們某些地方在婚禮上向新人扔桂圓、蓮子的習俗如出一轍）。

相比之下，美國家庭的祝福行為就溫和多了。

他們辦婚宴常會送每位賓客一袋放了糖和加工好的巴旦木仁當禮物，以示「甜蜜、幸福及多子多孫」的美意。可見，巴旦木不僅能用來吃，還蘊含著「子孫滿堂」的美好願望，是款吉祥又美味的零食呢！

堅果界的元老

巴旦木，這三個字聽起來像某個少數民族對某種植物的稱呼，若把它換成另一個俗名「扁桃」，是否就「似曾相識」了?說起這個中文名，還真是糾結，巴旦木是維吾爾語「Badam」的音譯，「Badam」源於波斯語（印度人也這麼叫，因為早先有支波斯人跑到印度去了），意為「內核」，想必波斯人老早就懂得巴旦木的精華所在吧。

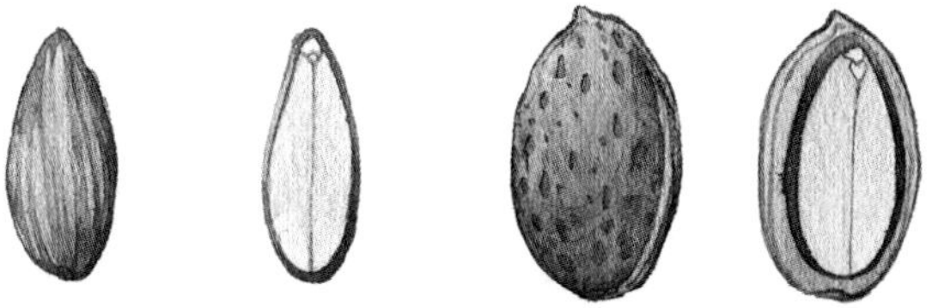

由於巴旦木的果形似杏，因此也被稱作巴旦杏，但它不是「杏屬」，而是薔薇科桃屬的成員，可能長得比桃子扁吧，又被稱作「扁桃」，其果核仁便是各類堅果產品常見的「杏仁果」了。所以，巴旦木、巴旦杏、扁桃這幾個名字指的都是同一種植物。

最新研究表明，巴旦木、杏、桃均是李屬植物，但為了方便解說，本文仍按桃屬劃分。由於人類食用巴旦木的歷史太過悠久，久得甚至找不到確切證據去弄明白，究竟是哪個年代、哪個地方的哪一種野生巴旦木被選育成今日食用的巴旦木仁，因此，時至今日，關於巴旦木的最早食用時間和馴化地點等問題仍未蓋棺論定。有些學者認為栽培型巴旦木的原種來自地中海東部沿岸地區，因為這個原種是西亞土生土長的，《聖經》裡的某些描述也暗示在西元前二千年，以色列就出現了巴旦木的蹤跡。但另一些學

者指出現今市場上販售的食用巴旦木仁，可能是從內蒙古及蒙古國一帶原產的某種古老植物演變而來，這種植物的核仁苦澀，特別像桃仁。

儘管學者們仍舊糾纏不清，但從一堆混亂不堪的史料證據中，我們至少可以推知：巴旦木種子作為食物的歷史特別久遠，能稱得上是堅果界的元老了。多數學者認為巴旦木是人類最早馴化栽培的果樹之一，幾千年前的果農已懂得利用種子選育出巴旦木的優良品種。青銅器時代甚至更早時，人工栽培的巴旦木便已經出現，考古學家曾從約旦河流域某人類遺址中，挖掘到巴旦木的栽培種，埃及的圖坦卡門墓葬（西元前一三二五年）也出現了巴旦木的「遺體」。

後來，野生巴旦木被商人帶到了非洲北部和歐洲南部。十七世紀中期，一些修道士從西班牙帶著第一批巴旦木到達北美洲，將它們種在美國加利福尼亞州首府附近的一座西班牙修道院中。但潮溼、涼爽的沿海氣候並不是巴旦木的最佳生長環境，直至十八世紀被移植到內陸地區後，巴旦木才站穩腳跟，蓬勃發展。十九世紀七〇年代，園藝師們透過雜交育種技術，選育出幾款今日著名的巴旦木品種。到了二十世紀，在加利福尼亞州的中央大峽谷地帶建立了根深柢固的巴旦木產業。

苦的有毒・甜的可食

野生的巴旦木仁是有毒的，此毒就是苦杏仁甙（ㄉㄞˋ）。實際上，苦杏仁甙本身無害，但它能透過酶解反應（**編按：指由被稱為酶的特殊蛋白質所催化的化學反應**）轉變成致命毒物「氫氰酸」，一次咀嚼幾十顆「苦杏仁」即可置人於死地。絕大部分野生巴旦木因含苦杏仁甙而呈現苦味，並具毒害作用，所以找尋、篩選出可食的甜味巴旦木便成了古代人的重要目標，人類對野生巴旦木轟轟烈烈的馴化培育史由此開啟。

然而古人究竟如何從茫茫自然界中找到甜味巴旦木，至今仍是未解之謎。

有趣的是，野生苦味巴旦木如此陰毒，但由它的變種——甜味巴旦木馴化而來的可食品種卻溫順異常，甘香有餘。有研究表明，這可能是由於基因突變，導致核仁無法合成苦杏仁甙了。有意思的是，傳聞古時曾有農民隨意在田間種了幾株巴旦木，但他們不知道自己「無心插柳」的這些樹，竟是園藝師們踏破鐵鞋苦尋良久的甜味型變種，這些巴旦木後來被移植到了果園，得到專門栽培。

在野外碰到巴旦木可別興奮過頭，隨便摘了果仁就吃，那有可能將自己送上不歸路。我們應該認真聽取密布味蕾的舌頭發出的警告信號：苦澀的巴旦木仁是有毒的，甜仁才是可食用的東西。

人生苦短，生命可貴啊！

巴旦木的今生

巴旦木特別喜歡在溫暖、乾旱的地區生活，尤其鍾情於地中海氣候，那兒夏季炎熱、乾燥，冬天溫暖、溼潤，十分符合它們對生長氣溫的需求（十五℃至三十℃）。不過巴旦木的芽有個怪癖，在甦醒萌發前，先要經歷一段三百至六百小時的持續冷凍期（低於七．二℃）才肯打破休眠，由營養生長進入生殖

生長，形成花芽，抽枝綻蕾，最終走上「仁生」巔峰。

事實上，不少溫帶植物的芽及種子都有這種古怪愛好，農學家們稱之為「春化作用」，這是溫帶植物長期適應「漫長的寒冷冬季後，迎來逐漸回溫的暖春」現象之結果。通常，巴旦木種子被埋進土裡後，三年可成苗出售，五、六年後進入盛果期。

如今，世界上許多地區栽種巴旦木，主要產區在美國、西班牙、伊朗、義大利、澳大利亞、希臘、土耳其等地。其中，西班牙是出產巴旦木品種最豐富的國家之一，希臘則以味美質優的甜味巴旦木聞名，澳大利亞是南半球最大的巴旦木供應商，而全球產量最大的當屬美國。

美國大部分巴旦木的種植基地集中在加利福尼亞州，作為該州第三大重要經濟作物，巴旦木曾是美國出口量最大的農產品貿易明星，所以巴旦木有個商業藝名「美國大杏仁」。此處再強調一次，此「杏」非彼「杏」，巴旦木與杏完全是兩個不同的物種，市場上賣的大部分「杏仁」都是巴旦木的各個品種，其果核表面密布孔隙，而杏核殼壁平滑，形體普遍比巴旦木核小。目前，中國巴旦木產業並不十分繁榮，僅在新疆、陝西、甘肅等地有少量栽植。

一棵開花的樹

巴旦木的花常單生或對生，相貌雖平凡無奇，卻和許多桃屬姊妹一樣，很有心機——它們先開花，後長葉，這樣花色偏白，在暗色老枝的襯托下，很容易營造出滿樹粉裝的醒目效果。加上樹下遍地花瓣，優美至極，春風一吹，揚起片片粉瓣在空中旋舞，人立其中甚為陶醉……不過「女為悅己者容，花為傳粉者妝」，巴旦木的美，專為昆蟲而生——吸引牠們前來採「蜜」，順便幫自己授粉、傳粉。

當雌蕊順利授粉、成功受精後，雌蕊下方的子房便會漸漸膨大，發育成具有果核的核果。我們所喜歡的桃、杏、李、櫻桃等都屬於典型的核果，特點是具有三層不同性質的果皮：外果皮薄而韌，中果皮肉質肥厚，俗稱果肉，內果皮木質化，封閉式包裹種子形成果核。

但巴旦木的果皮構造卻大不如水嫩的桃子們養眼，綠色外果皮密被短柔毛，中果皮（果肉）薄、堅韌如皮革，成熟時中、外果皮都開裂，露出內裡硬脆、卵形的果核，這是巴旦木有別於桃、杏的重要特徵。讓我們不由得驚嘆：巴旦木簡直是專門生產種子的果實嘛！

市面上極少出售巴旦木果，我們見到的常是去掉中、外果皮後的土黃色硬核，或連核殼都被剝除的緊裹一層土黃色種皮的種子，彷彿經過美容處理。密集恐懼症（**編按：主要症狀是對密集排列的事物感到不適**）患者在見到帶殼出售的巴旦木時可能會有點不舒服，因為它不光滑的殼壁上布滿蜂窩狀的小孔。是的，內果皮皺褶或具孔隙，正是桃屬果核的個性標籤。

杏仁 Apricot

同根姊妹籽惑人 · 善學明辨偽與真

前些年放假回家，正好碰上各大電視臺都在播映一部火爆整個華人圈的古代宮鬥劇，我家媽媽也看上癮了，每晚準時守著電視機，白天還要點評皇帝和諸妃之間的愛恨糾結。在她的影響下，我也跟著一起看上了。某天看到一集，有個失寵的妃子想自殺，在古代宮裡的妃子、宮女、太監都是不得自殺的，她又是個失了勢的妃子，自然找不到什麼現成的工具，就吞了很多苦杏仁，終於完結了生命。我看完後沒啥反應，媽媽倒如驚弓之鳥般

Apricot

轉頭看我，緊張兮兮地問：

「前幾天○○送了一罐杏仁來，說很有營養，每天吃幾顆補補，我便搗碎了一些混在粥裡給奶奶吃，哎呀，原來這玩意兒是有毒的！我們是不是得送奶奶去醫院檢查一下？」

「哦，沒事，那杏仁我今天也吃了，那是另一種杏仁，不是○妃吃的苦杏仁。」

「為何不是啊？我看都是一樣的啊！」

那麼，宮鬥戲中棄妃自殺用的苦杏仁有毒，甚至能致人死亡是真的嗎？我們平常買的杏仁可以直接吃嗎？解答這些疑問就得從杏仁的源頭講起了。

苦杏仁的致命威力

杏仁，顧名思義就是「杏的核仁」，即吃完杏的果肉後，剩下的核裡邊的種子。杏仁可食，但不是所有杏的種子都能隨便吃。

根據《中國植物志》記載，杏大致可分為三類：食用杏類、仁用杏類和加工用杏類。這說明杏有許多栽培品種，有些品種主要吃果肉，有些專門用來生產食用種子，有些則肉仁兼用。在中國大陸，仁用杏的生產歷史很短，直到二十世紀六〇年代後期，才由河北省張家口市開始小規模種植，初步形成仁用杏產業；進入九〇年代才正式大面積栽培，仁用杏市場就此發展起來。起初，商家收購仁用杏只根據味道簡單歸為甜、苦兩大類，而不分大小、品質、級別、產地等。甚至直到今日，仁用杏仁仍被粗分成苦杏仁和甜杏仁，只是不同口味有著各自代表性的地方優良品種。

苦杏仁的苦味是由一種名為「苦杏仁甙」的天然化合物引起的，此物本身無害，卻能「借刀殺人」。它可被自身含有的水解酶分解成一種名曰「氫氰酸」的毒物，或進入人體後，很快被腸道細菌分解，釋放出氫氰酸。此毒能作用於細胞，迅速與細胞色素氧化酶結合，阻斷組織細胞利用血細胞所攜帶的氧製造能量，產生細胞中毒性缺氧症，從而引起人體窒息；所以，呼吸不暢至麻痺是苦杏仁甙毒害人體的主要手段，猜想那位吞苦杏仁的妃子就是死於窒息。小朋友只要誤服苦杏仁十到二十顆，大人吃上個二十到六十顆，就有可能引起中毒。

這裡有個重點要提醒大家，春、夏季是兒童誤食苦杏仁中毒的高發期，因為這季節杏核十分常見，而孩子們頻頻進行戶外活動，很容易撿到杏核，有時見到別人吃杏仁，兒童好奇心重，也會學著吃，因此常發生中毒事件。大人們千萬要提高警覺，多多教育小朋友切勿任意吞食任何未經處理過的果核！

苦口良藥可治癌？

中醫說：苦杏仁因其毒性而具有一定藥用功效，可鎮咳、祛痰，治療氣管炎、呼吸困難等。現代醫學對此表示肯定，但凡事必有個限度。古人云：「是藥三分毒。」毒藥、毒藥，毒與藥相生相剋，是無法分離又不能中和的矛盾體，卻可以相互轉化，關鍵是看我們如何把握好「度」。一旦食用超過合理量的苦杏仁，就從良藥變成劇毒了。至於甜杏仁並非完全不含苦杏仁甙，苦杏仁含一%到三%苦杏仁甙，其毒性較甜杏仁高二十五至三十一倍。甜杏仁只含微量的苦杏仁甙，雖可安全食用，但一次吃得過多，也會有中毒的可能。

以前不知從哪裡冒出「謠傳」：苦杏仁甙能用於癌症治療。以至於有人盲目吞食苦杏仁，結果病沒治好，還差點賠上性命。其實，苦杏仁治癌也不完全是謠傳，早在一八四五年和一九二〇年，蘇聯和美國就分別報導了用苦杏仁甙治癒癌症患者的案例，但業界普遍認為這招太「毒」了，風險過大，因此不予採納。

一九五二年，有人利用苦杏仁甙合成了一種藥，名叫「苦杏仁甙類似物」（Laetrile），並鼓吹對癌症治療有效，且無副作用，還被有心人士親切地稱為「維生素B_{17}」。也許我提這名號，你會熟悉一點，維生素嘛，多麼時髦的詞彙，

聽起來安全、健康。可實際上，它並非維生素，此藥也被美國多家權威機構及政府部門認定不僅對癌症毫無療效，還會產生毒副作用。有專家曾調侃，那些宣稱「維生素B_{17}有治癌功效」的庸醫及研究性文章，可以作為抗癌研究的反面教材了，而利用這種研究「成果」的人亦是醫學史上最狡詐、精明，當然也是賺錢最多的「人才」了。但由於研發者在專利註冊時可能寫著「營養補充品」，對外也宣傳是人體必需的防癌「維生素」，以此逃避聯邦法律的追查及相關責任，因而能夠風行於美國內外的保健品和藥品市場。依靠強大的網路和媒體力量，也有人將這款「偽藥」順利捧成了「神藥」。殊不知，「神藥」同苦杏仁甙一樣，使用不當，亦成毒藥。

此杏仁非彼杏仁

國人很容易從字面上，誤以為苦杏仁甙是從具有苦味的杏的種仁中發現並命名的，其實這裡的「杏」並不是指我們當成水果吃的杏，而是另一種和杏長

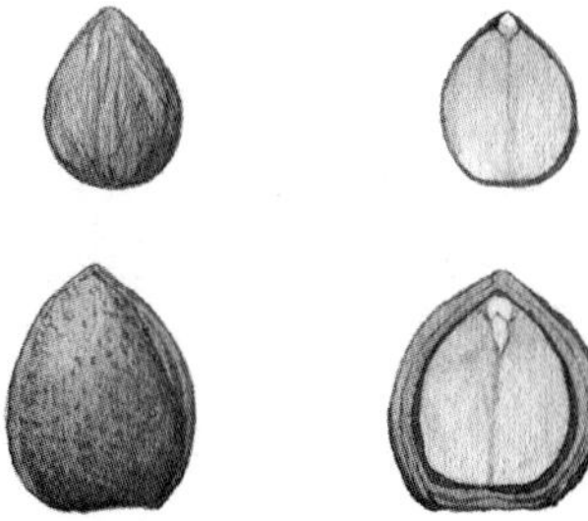

杏核

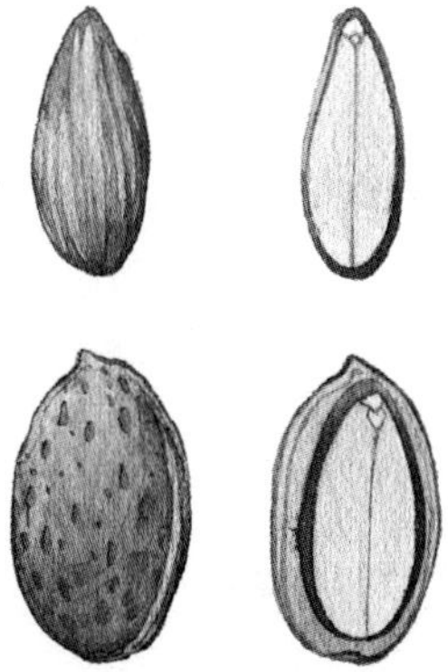

巴旦木核

得很像的植物，也就是上文所說的巴旦木，它有一個比較官方的稱呼「扁桃」，在中國的主要產地是新疆。由於巴旦木的果實似杏，人們也稱其作「巴旦杏」。科學家最初就是從巴旦木的種子中提取和命名苦杏仁甙的，也許當初譯成「扁桃甙」會更合適些。目前，市面上販售的大部分「杏仁」均來自巴旦木，但這裡我們所說的「杏仁」，一律指杏的果核仁，以便與「美國大杏仁」區分。

杏是中華民族的傳統水果之一，對杏的栽培歷史同樣悠久，中國現存最早的科學文獻之一《夏小正》，就提到四千多年前中原地區已開始種植杏樹。但古代文獻上除了提到杏仁的藥用價值外，並無太多把杏仁作為食物的記載。這說明古人吃杏主要是食杏肉，和巴旦木專門製造供應種子的歷史截然不同。一九四九年後，中國大陸開始出現杏仁的小規模生產，並以蝸行牛步的速度慢慢發展，至今還沒形成氣候。也許當時是受舶來品巴旦木的刺激或啟發，才琢磨起當地杏仁的商業價值，並開始栽培試驗；可是，開發種植杏仁的道路並非一帆風順，有巴旦木這麼卓越、資深、高人氣的前輩在先，兼之自己的能力和口碑又處於積攢階段，杏仁想打敗巴旦木或與其平起平坐，恐怕還要很長一段時間。

本是同根生，何必分太清？

既然杏與巴旦木是兩個不同的品種，為何二者的長相及內在毒性如此相似，總讓人傻傻分不清楚呢？購買杏仁或巴旦木仁時，有什麼辦法來區分嗎？

其實，杏與巴旦木確實有千絲萬縷的親緣關係，這關係介於親姊妹與堂表親之間，長得像是正常的，存在區別亦是必然的。雖同是核果，但杏的果皮終生不裂，緊裹種子；巴旦木的中、外果皮則在成熟時開裂，露出土黃色果核。我們到堅果攤選購時，若杏和巴旦木同時以堅硬的果核形式出售，就會比較容易分辨：杏核短小，表面光滑；巴旦木核則身形修長，表面粗糙，有很多孔隙。若是脫殼「裸體」出售，辨識就有點困難了。現在市面上的品種愈來愈多，體型、重量、顏色等都很接近，很難理出一套鑑別的法子。

不過，換個角度想想，貌似也沒必要分得這麼清楚，因為它們倆的營養成

分實際上差不多，除非二者身價差距太懸殊，或者你對口味有所挑剔，不然選擇哪款都具有一樣的保健功效。

相關研究表明，杏仁和巴旦木仁的組成物質主要都是四〇%至五〇%的不飽和脂肪酸及少量飽和脂肪酸、二〇%左右的蛋白質、二〇%左右的糖類（其中膳食纖維占所含糖類的一半以上）、維生素B_6、維生素E，以及鉀、鈣、鐵、鎂等微量元素。二者成分相差甚小，或許不同品種會有自己對某種營養物質的偏好，但偏出倍數級的可能性很低。而且，我們有必要計較哪種成分的多與少嗎？只要日食適量堅果，對身體終歸是有益處的。

分分合合一家親

什麼？你還想問問杏和巴旦木分別姓什麼？這可就說來話長了。因為二者所屬的家族親戚間有著剪不斷、理還亂的關係，讓外行愈看愈熱鬧，內行也難以釐清。原先，杏是杏屬的，巴旦木是桃屬扁桃亞屬的，它們同是薔薇科成員。

在現代分子生物學、生物資訊學先進技術和理論的幫助下，植物分類學家對薔薇科進行全面梳理並大幅更新，最後乾脆把櫻、桃、李、杏等傳統「大姓」一起併入李屬中。換句話說，現在，杏不屬於杏屬，巴旦木不屬於桃屬，它們倆同是李屬植物啦！

另外，苦杏仁甙可不是杏或巴旦木的專利品，薔薇科許多種類（如超市賣的蘋果、梨、櫻桃等）的種子都含有苦杏仁甙。所以，薔薇科雖盛產水果給我們解饞，但也藏了私心，肯定不會讓我們把種子也吃下肚去。它用氫氰酸的毒性及堅硬的內果皮告訴愛吃的動物與人類，把可口的果肉吃完就好了，可別再打我們種子的主意啦！

鮑魚果 Brazil nut

高舉炮彈常添亂 · 穩居雨林戀壯漢

你吃過巴西栗嗎？什麼？你問我是不是板栗的巴西親戚？噢不，巴西栗雖然確實生活在巴西，但它和我們常說的板栗卻是風馬牛不相及。若我換成它的商品名「鮑魚果」來講，你是否就知道了？沒錯，那個渾身粗糙、有稜有角的堅果就是鮑魚果（巴西栗），外殼脆而不堅、果仁又大又香，更重要的是，與其大方氣派的名字相比，它的售價相當親民……

我第一次見到已成堅果的鮑魚果時，情不自禁地吐了槽：「長得這麼

難看！」硬殼灰不溜丟、乾乾皺皺的，有三道明顯的縱稜、一道直線，另兩道弧形狀似木質化的橘子瓣，壓根兒不能使人聯想到「鮮膚一何潤，秀色若可餐」的鮑魚。但所謂「人不可貌相，海水不可斗量」，其貌不揚的傢伙即使在琳琅滿目的物種天堂——南美洲熱帶雨林中，也是出了名的「高大上」（**編按：網路流行語，意指高級、大氣**）呢！

歐洲商人和植物學家老早就認識了鮑魚果樹，即使雨林怪才輩出，它們仍天生享受「高高在上，俯覽萬物」的高貴地位，討厭人類侵犯森林，常常與人惡作劇，甚至危害人的性命。或許，鮑魚果更像一幫個性張揚的年輕人，從樹形到花到果，都教人無法不注意它們的存在。至今，人類還無法像選育巴旦木那樣，把頑劣的鮑魚果馴化或改造為商業化植物。

高高在上，誰與爭鋒

鮑魚果原產自南美洲的蓋亞那、委內瑞拉、巴西、哥倫比亞、玻利維亞和祕魯等國，亞馬遜河、尼格羅河等流域沿岸森林均可見其散布的蹤影。鮑魚果所屬家族有個文雅的名字——「玉蕊科」，這是種高大常綠闊葉喬木，高度可達五十公尺，樹幹直徑達一至二公尺，即便在盛產奇葩和巨物的亞馬遜熱帶雨林中，也算得上龐然大物了。鮑魚果樹很精明，為了最大限度地吸收陽光，它們拚了命地增高莖幹，甩了其他植物好幾條街。

它們主幹挺直，一直長到高出周圍樹木時才向外伸枝展葉，把葉冠高舉出林冠層，頗有鶴立雞群、傲視群雄的霸氣，遠遠望去猶如一片茫茫綠海中聳立著若干頂突兀的綠傘，綠傘下則是粗壯的「石柱」。

更要命的是，這傢伙還很長壽，活過五百歲不成問題，活到一千歲高齡亦不太難，簡直有成精升仙的潛質，想必那些活在「樹精」周圍、日日盼著鮑魚果樹倒下以騰出生存空間的樹木們，都恨得咬牙切齒了吧。

奇葩的三角戀

就樣貌來看，其實鮑魚果樹更引人注目的是它的花。若你見到鮑魚果之花，或許會感到驚訝：樸實無華的鮑魚果竟然開出這麼奇特明麗的花。如此耀眼的花，與其身高一樣，在物種多樣性最豐富的熱帶雨林，乃至植物界中都算是無與倫比了。

鮑魚果有著精妙的傳粉故事和繁衍智慧。與來者不拒的杏花不同，古怪的鮑魚果花對前來採蜜的蟲媒是有選擇的，它們僅歡迎熊蜂、木蜂等體形較大且強壯的蜂類上門拜訪，因為只有這些「彪形大漢」才有足夠的力氣鑽進被捂得

嚴嚴實實的「雄蕊罩」獲取基部的花蜜；也因為其他地域缺乏這類昆蟲，所以鮑魚果幾乎只在穩定的原始森林中結果。

每年旱季，尤其是十到十二月，鮑魚果樹所依賴的幾種傳粉昆蟲會輪番登場。比起鮑魚果花，這些健壯的蜂類其實更喜歡光顧某些特定的蘭花，而不同區域的不同蘭花開放時間並不一致，所以蜂類出現的時間也各不相同。這簡直就是一段糾結持久的三角戀，鮑魚果的花鍾情力量感十足的蜂，這些蜂又有各自傾心的蘭花。

深林幽蘭的「傲嬌」眾所周知，它們對傳粉者更是異常挑剔，因此只有某段時間、某個地方、某種蘭花盛開時，與之相戀的蜂才會現身，但這些「彪形大漢」不如蘭花專情，探訪蘭花之後，會順路飛到翹首期盼的鮑魚果花上，沿著罩狀雄蕊群往內彎曲的方向強行闖入採蜜，沒辦法，鮑魚果花就愛牠們這股野蠻勁兒。

椰子藏「鮑魚」，威力如炮彈

鮑魚果花成功授粉後，雌蕊便要進行複雜的受精作用，開啟育胚過程了。通常，鮑魚果長在接近樹冠幾十公尺高的分枝上，抬頭望去，像一個個熟透發黑的椰子，大小也和脫了外果皮的椰子差不多。也許你會覺得困惑：「我吃的鮑魚果怎麼不是這樣的啊?難道我們說的不是同一種?」別急，請聽我往下說。

若你見到掛滿椰子狀鮑魚果的大樹時，可千萬不要興奮地跑到樹下準備採摘，尤其不能使用「亂棍打核桃」的法子，因為這些果子每顆重達四、五公斤，比核桃重多了。最要命的是它們成熟後，隨時可能從幾十公尺高的枝梢脫落，而且果皮堅不可摧，「啪」的一聲墜地還能完好無缺。面對這樣的果子，你還敢隨意跑到樹下採摘嗎?至少我不敢，小命還是要的……

事實上，在枝葉茂盛得遮天蔽日的雨林中穿行，我們很難發現高不見頂的鮑魚果樹，所以沒有導遊帶領或缺少防護設備和相關專業知識的話，最好不要單憑一顆狂熱的心深入森林，隨便打擾「原住居民」。這絕不是危言聳聽，鮑魚果砸死、砸傷路人、遊客和採摘者的事故時有所聞。狂風大作之際，就連專業的採收工人都要立刻停止工作，遠離果樹，因為鮑魚果樹在風勢的助陣下，會從「不定時炸彈」變成威力迅猛的「大炮」，不斷從幾十公尺高的樹頂向周圍發射果實型炮彈。

不過，求知與探索精神總是賦予人類藐視恐懼的膽量。為了瞭解這些剽悍的球狀鮑魚果的玄機，我們還是走進繁榮熱鬧的熱帶雨林，撿顆已著地的鮑魚果瞧瞧吧！

球狀鮑魚果直徑約為八至十八公分，一端有個明顯的孔洞，果皮褐色、木質化、厚約一公分，非常硬實。當地人會使用手鋸一類的工具來割開堅硬的果殼，掰開來看，果殼內便藏著數十個熟悉的堅果版「鮑魚果」，實際上，它們是種子，種皮比果皮軟多了，用牙一咬就能咬開。堅果的外形不僅抄襲橘子瓣的形狀，還模仿橘皮裡面果瓣的排列方式——每顆種子具有三面，直線棱匯聚於中心，直稜側面互相緊貼。如此可充分利用果腔空間，使得椰殼大小的鮑魚果能同時塞入二十至三十顆種子。

據說，成年果樹一季度約結六十至一百個果實，高產的鮑魚果樹一次結的果實總重量甚至可達四百五十公斤左右。當地的果農們通常都是等著樹上果實自動落地後，才進入林子集中採收，就地鋸開木質化果殼，取出種子。新鮮的種子與我們買到的鮑魚果狀態略有差別，此時它們渾身溼潤，種仁鮮嫩，必須經過幾日的晾晒、乾燥和後續加工，才成為市場上出售的鮑魚果。

我們最終吃到的就是鮑魚果的種子。剩下的果殼常被棄置在當場，空果殼貌似古代保存藥品的圓形陶瓷罐子，不知當地人是否曾拿這天然「木製」器皿當過飯碗或水瓢？

隨機的命運，艱辛地成長

雖然鮑魚果的果皮十分堅硬，但從植物學角度來說，它不是真正的堅果，而是「蒴果」。這是植物界中普遍流行的一款果實類型，特點是種子多、開裂方式多樣化。不過鮑魚果的蒴果成熟時不會自動裂開，而是在落地後受雨林溼

氣的浸潤而軟化，從果殼一端的洞口向外產生幾道裂痕。

這一特性有啥好處？很簡單，與果實的傳播有關。

生長在森林中的鮑魚果主要依靠一種大型齧齒動物——刺豚鼠幫忙播種。這群可愛的小精靈（體形約為一隻成年貓那麼大）和我們熟悉的松鼠一樣，活潑好動、身手敏捷、指爪靈活，天生具備一副鋒利堅固、鑿子般的門牙，可以從鮑魚果殼上的孔洞入手，輕鬆咬掉一塊塊硬實的果皮，最後鑿出一個大窟窿，抓出裡面可口的種子，美滋滋地飽餐一頓。當然，鮑魚果的目的可不單是餵飽刺豚鼠這麼簡單，它深諳齧齒動物從祖先那兒繼承的優良傳統——儲藏食物。

鮑魚果生產的大量種子大部分用來填充刺豚鼠的胃，而鼠類也樂於四處埋藏這些種子以備囤糧，最終被忘記挖出來吃掉的部分種子便有可能生根發芽，成長為新生代的鮑魚果樹。另據報導，聰明的捲尾猴懂得利用工具，挑選恰當的石頭撬開鮑魚果。捲尾猴沒有囤貨的習慣，但幸好不如鼠類覓食勤快，不然鮑魚果就要號啕大哭了。

言歸正傳，那些被埋進地裡的幸運兒遇到合適的生長條件，便會破土而出，然而發芽只是美好的開端，並不意味著成長過程一帆風順。多數萌發的種子位於樹林下陰暗的環境，極難獲得陽光，縱然破土成苗，也不得不苦等若干年才能繼續生長。它們會停止發育，進入一種休眠狀態，靜靜等待身邊某棵大樹倒下，騰出生存空間，或某個時刻陽光從林冠隙縫溜下來……

一旦抓住親吻陽光的機會，便迅速貪婪地吸收光能，瘋狂長大。等待畢竟是未知的、茫然的，只有少量幸運的幼苗可以熬到揚眉吐氣的那天，大多數幼苗則終生停止發育，將生命的姿態定格在童年。

守護雨林的搗蛋鬼

鮑魚果樹最喜歡潮溼多雨又不至引發洪澇的森林環境，幾乎只在雨林中結實，經常由五十到一百株組成一個小群落。據說，巴西政府也偏愛這群超高個兒，明令禁止亂砍濫伐鮑魚果樹。儘管「官方」中文名是巴西栗，但鮑魚果出口量最大的國家不是巴西，而是玻利維亞。

鮑魚果做事慢條斯理，從雌蕊授粉到果實成熟，至少需要十四個月，簡直快趕上以慢聞名的松樹的生育節奏了。每年一至六月，枝頭的鮑魚果會悠哉悠哉地成熟、落地。與著急出土見世面的板栗種子不同，鮑魚果連發芽、結果也從容不迫，種子入土後先睡上十二至十八個月才出芽成長，結果實更是要長到十二歲之後才開始。

總之，這幫傢伙不太好伺候，喜歡比鄰居長得高，喜歡特定的蟲媒，喜歡發射「炮彈」，還喜歡搗蛋——長在河岸的鮑魚果脫離母體後，由於密度太大，常常落入水中沉到河底，很容易堵塞附近的河道。所以鮑魚果種植業的產量一直很低，經濟效益不佳，終不成氣候；也因此，目前全球堅果市場出售的鮑魚果絕大部分產自天然林，這可能是唯一一種仍靠野生樹木生產的商品果實了。也許，鮑魚果的現狀會成為一種保護熱帶雨林的「可持續發展」商業模式，既能挖掘雨林資源，為產地增加利益收入，又能避免森林遭受破壞，維持良好的生態環境。

作為一款合格的可食堅果，鮑魚果的口感實在是沒話說。咬開脆而不堅的

外殼，呈現在眼前的是白滑香酥的種仁，肥厚、飽滿的種仁填滿了整個殼內空間，吃起來要比核桃、山核桃之流爽快多了，價格親民更是為它贏得眾人的青睞。

而在營養成分上，鮑魚果也不輸其他堅果弟兄。不飽和脂肪酸這個堅果界的時尚元素，鮑魚果當然擁有，而且含量挺高，約占總重量的一半；此外，還含有一些飽和脂肪酸，脂肪總量約占種仁重量七〇％；蛋白質是鮑魚果的第二大營養物質，占總重量一五％左右；剩餘的一五％中，一半是糖類，另一半是水、維生素和微量元素，其中尤其以維生素B_1和維生素E含量較多。

鮑魚果種仁同時富含硒元素，不同產地的鮑魚果所含的硒元素量差別很大，從一百六十微克／百克到二千微克／百克不等。人體攝食適量的硒元素能夠有效預防癌症和記憶力衰退，但攝入過多則會導致硒中毒，所以不宜一次性食用過多鮑魚果。

另外需要注意的是，鮑魚果的種皮容易感染黃麴黴菌，因此可能附著大量黃麴毒素（一種致癌物質），建議吃鮑魚果時最好別用牙齒咬殼，更別直接放進嘴裡嚼，而應用鉗子、小鐵錘之類的工具開殼。

除了種仁可食用之外，鮑魚果尚有一些不錯的用法。從鮑魚果仁榨出來的油可作鐘錶潤滑劑，還可用來調製繪畫顏料，亦可用於化妝品中。

在玻利維亞，鮑魚果的用途與椰子有點像，經過民間藝人的精雕細琢，其貌不揚的果殼能變身成華麗的裝飾品。

核桃 Walnut

皺皮嫩肉裝大腦．上樹披衣變青桃

每到秋季，在中國大陸的街邊巷尾總能見到推車或提籃的小販，他們的手指大多是黑漆漆的，有些雖然會戴上手套，但手套和衣服上也常常是一片狼藉，看起來髒兮兮的。可即便是這樣，他們周圍總是聚集不少顧客，到底是什麼東西讓人這樣著迷？

先來猜個謎語吧——

「殼兒硬，殼兒脆，四個姊妹隔牆睡，從小到大背靠背，蓋的一床疙瘩被。」

謎底是？……沒錯，它就是讓小

販手指變黑的「元凶」，亦是本篇故事的主角——核桃。

核桃樹長「毛毛蟲」

核桃，又名胡桃，是胡桃科胡桃屬的一種高大落葉喬木，其葉形較大，橢圓狀，長六至十五公分，寬三至六公分。花為單性同株，即胡桃屬的花有雌雄之分，而雄花和雌花長在同一植株上。核桃的雄花密集生長在一根不分叉、柔軟下垂的長枝上，形成葇荑花序，單生於頭一年發出的枝條上，每朵雄花有六至三十枚黃色雄蕊，開花時紛紛伸出花被片，隨風搖曳，整個花序看起來一輪綠一輪黃，上下遊走，有種微妙的韻律美。雌花則三、四朵聚生於當年生新枝的頂部，周圍有嫩葉相伴，花姿嬌小，中央是伸長開展的柱頭，隨時準備接受乘風飛揚的細微花粉。

核桃的花容貌十分簡單、樸素，若不留心觀察，總叫人難以相信那是一朵花。作為依靠風力做媒傳粉的花，核桃花其實沒必要把精力和營養浪費在製造花蜜、氣味、色彩等「梳妝打扮」上。

它們不用招蜂引蝶，討好各路蟲媒，於是可以捨棄絢麗的花瓣、奇特的造型或醉人的芳香、甜美的蜜油及其他多餘的裝飾，終生素顏出場，把所有精力都用來製造大量花粉，並充分把握時機，借助風力傳送花粉至雌蕊柱頭上，於繁花爭豔的春夏季默默演繹屬於自己的生命之路。

《紅樓夢》中薛寶釵有一首〈臨江仙〉，用來形容風媒花的姿容和傳粉方式最恰當不過：

雄花

雌花

白玉堂前春解舞，東風卷得均勻。
蜂團蝶陣亂紛紛。
幾曾隨流水？豈必委芳塵？
萬縷千絲終不改，任他隨聚隨分。
韶華休笑本無根。
好風憑藉力，送我上青雲。

這首詞雖是描繪柳樹及其果實（柳絮）的傳播，字面意思卻可套在栗樹、核桃樹等典型的葇荑花序上，並生動勾勒了「葇荑」之美與傳粉智慧。為何柳絮詞可與風馬牛不相及的栗子、核桃相掛鉤？

因為楊柳家族也有標準的葇荑花序，若你還是不能理解這款貌不驚人卻「風姿綽約」的單性花序，那就想想春末白絮亂舞之時，楊柳樹周圍橫屍遍地的「毛毛蟲」吧……

心急吃不了熱豆腐

多數風媒花會顛覆我們心目中的印象，牡丹為人類營造出古典花容的華麗形象，令初識者驚訝不已；而核桃樹上掛著一顆顆綠底白點、體胖皮溜的核桃果，同樣會讓吃慣了核桃仁的人們詫異半晌，或者不以為意，擦身而過……為什麼核桃樹上的核桃長這樣？難道我們吃的不是核桃，而是一款人類專用的奇怪品種？別急，若想真正認清果實，我們必須從花看起。

每年九到十月，長在郊野山林或庭院周圍的核桃樹便會陸陸續續結出豐碩的果子，幾個一串，沉甸甸地壓彎了枝條，但這些光滑、飽滿的青果絲毫不像我們在市場上常見到的核桃。樹上的核桃果是從枝端雌花的生長部位冒出來

的，理論上，有幾朵雌花便能長幾顆核桃。但在大自然底下討生活豈能一帆風順？一棵樹上總會有許多雌花因為各種不利因素而提前犧牲或無法結實，剩下的幸運兒經授粉、受精、育胚、產子後，柱頭下方整個部位才會慢慢膨大，形成青皮核桃。你看樹上圓狀果實的頭頂，還殘留了一點柱頭的痕跡，就像我們身上的肚臍眼一樣。

一般看到滿樹圓溜肥大的鮮果時，饞嘴的孩子會不由得摩拳擦掌，紛紛脫下鞋子、挽起衣袖，一鼓作氣爬上樹採摘，或拚命搖晃枝葉，或拿長棍敲打，把成熟的核桃打落。未熟核桃的綠色果皮不會開裂，一旦成熟便會從「肚臍眼」往果柄處自動裂成好幾瓣，露出我們熟悉的「真核桃」了。有時裂痕到底，便可見誘人的皺殼核桃彷彿置身於一隻鬆開的鷹爪當中，只要搖搖樹幹，它們就會乖乖脫落。當然，這麼赤身裸體落地的核桃很有限，往往一番折騰後，地上躺著的多數還是帶著綠皮的果子，這種果子被稱為「青皮」。若綠皮已裂開的還好處理，直接掏出裡面硬邦邦的核桃便是；沒裂的就很麻煩了，外層柔韌的果皮雖然很容易掰開，但掰開的過程中青皮會流出黑汁，黑汁含有不溶於水的醌類物質，特別不容易清洗掉，這正是那些販賣核桃的人手指黑黑的原因。

核桃完全成熟時，果皮會不規則裂開，裂口處的黑汁被風乾後，會留下一道道黑色傷疤，與綠皮內側白色的表皮形成鮮明對比，告訴早已虎視眈眈的饕客們：「我已熟透啦，快來吃吧！」但對野生動物來說，黑汁更是一種警告：尚未成熟的種子會被果皮緊緊包護，若有嘴饞又心急的小動物忍不住摘來吃，就要受到黑汁的懲罰了——弄髒身子倒沒什麼，反正常年不洗澡，身子一向沒乾淨過；問題是這黑汁含有單寧類物質（單寧類物質怎麼了？想想柿子沒熟是什麼味道就知道了），咬一口，是的，那要命的澀味能迫使任何動物本能地丟掉手中的食物，以後都不敢再來嘗鮮了。

呆萌的動物不懂得利用工具，拿生核桃沒辦法，作為已征服諸多「野味」的人類，怎麼可能奈何不了這種小兒科的「防身術」？事實上，在農業生產中，為保證核桃的產量和品質，農民都會等到果實充分成熟才採收，但會把握好時機，以免青皮開裂掛在樹上太久，增加黴菌感染的機率，導致果仁變黑、發黴。

果熟季節，我在植物園常見伯伯、阿姨們拿長棍亂打核桃，果子是打下來了，可是次年準備開花結果的枝芽也被打殘、打斷了，這會嚴重影響到第二年的果實產量。採摘核桃時，建議最好選根有彈性的軟木桿，瞄準枝端的核桃，從內向外順著枝條打落，方有助於核桃樹的「可持續發展」。有經驗的行家還會藉著打果順便對核桃樹進行修枝整型，以便果樹次年繼續豐產。

殼兒硬，殼兒脆，四個姊妹隔牆睡

取核桃最省事也最保險的辦法是等青綠果皮自動裂開再動手，當然，直接買處理好青皮的核桃顯然是最大眾化的選擇。但拿到硬邦邦、皺巴巴的核桃後，似乎真正令人頭疼的事才剛開始。雖然現在園藝師為「核桃控」打造出殼薄如紙、易取整仁的「紙皮核桃」，只需兩指一捏，「紙殼」隨即破裂，但這種核桃的價格較高，還偶有被「唬弄」的風險。而對於普通的核桃，怎麼樣才能打開這層堪與牙齒比硬度的堅殼呢？

我見過「門夾法」——把核桃放進門軸一側的門縫裡，用力一關門，「啪」

的一聲，核桃便裂成幾瓣，當然條件是門夠結實。還聽過「腳踩法」——很簡單，把核桃放地上，一腳使勁踩下去，核桃便碎了，前提有二：一是鞋底要乾淨，不然桃仁沒辦法吃；二是必須穿硬底鞋，不然核桃沒碎，你的腳底倒是先「碎」了。而我親身實踐過「椅砸法」——抬起一支椅腳對準核桃，猛地往下砸，頓時碎裂一地，目的雖達成，可是場面很難看，用力過猛常使硬殼夾著種仁濺散各處，我不得不一邊撿一邊吃……最讓我頂禮膜拜的當推「鑰匙法」——找一支單面有凹槽的尖頭鑰匙，從核桃微凹有細孔的一側插進去，用力擰轉幾下，核桃殼就沿著兩縱棱縫線裂開了，還裂得乾淨俐落，這種辦法適合注重個人形象的老饕；但若碰上頑固不屈的核桃，鑰匙也是沒法子的，甚至有掰彎、折斷鑰匙的危險，慎用！

以上各種偏方雖好用，但比較麻煩，效率不高，也不太文明、衛生（鑰匙法除外）。我曾看過賣核桃仁的老闆操著一把特殊的鉗子夾核桃，與普通鉗子相比，核桃專用鉗的鉗口向外凸，中間成一個「O」形，很適合卡住核桃再使勁「咬」碎，老闆拿這鉗子先夾一下核桃兩頭，再鉗住兩側縱棱，輕輕一使力，硬殼便瞬間分成幾瓣，核仁也完整無損。這一系列步驟不過十秒鐘，其專業、靈活的動作讓人直豎大拇指的同時，也為這種利國利民的偉大發明——「核桃鉗」感動不已。

人類有了各式各樣的工具相助，吃核桃仁就不成難題了。那些野生動物怎麼辦？牠們一副呆萌樣，真的能吃到核桃仁嗎？別擔心，你看那些拖著大尾巴的松鼠們，一個個身手敏捷，爬樹覓食猶如平地奔跑，嘴上還裝著兩對終生更新、銳利耐磨的門牙，啃破硬殼是沒問題的。只要人類不要太打擾這些齧齒類小精靈覓食，在野外或公園遇到牠們也別去跟蹤、偷挖牠們藏匿的乾糧，這些可愛的小動物就會長久活躍在我們身邊了，而牠們的存在也能幫助野生果樹傳播種子、繁衍後代。

另外，有人在美國加利福尼亞州和瑞士日內瓦市觀察到一種烏鴉，牠們居然會用嘴叼著核桃飛到幾十公尺的高空，然後瞄準地面的石塊，一鬆口，核桃自高處落下與石塊碰撞，應聲碎裂，迸出核仁，這樣便能輕鬆享用果核裡的美食了。烏鴉真是聰明啊！

從哪兒來？到哪兒去？

目前，全球確切地冠以「胡桃屬」姓氏的物種有二十一種，從歐洲東南部到日本、從加拿大東南部到阿根廷都有它們的蹤跡。其中，食用價值最大、栽培最廣的核桃（學名 Juglans regia）據說原產於新疆至西亞的廣大地區。距今兩千年前，核桃才經由絲綢之路進入中國西北地方，並被自然馴化。

《中國植物志》記載核桃的另一個中文名稱為「胡桃」，意思是「胡人的桃子」，因為古代把北方邊地及西域各民族的人喚作「胡人」，而「胡桃」很可能是他們引種或栽培的產品。此外，現存最大的野生核桃林（幾乎是純核桃林）便位於吉爾吉斯斯坦境內海拔一千至二千公尺的地方。

核桃到達歐洲的時間，大約是古羅馬時期或更早，其英文名為「walnut」，源自古英語「wealhhnutu」，意為「外國來的堅果」。那時，核桃從義大利及高盧地區傳入英國，十七世紀時又被英國殖民者帶到美洲。如今，亞洲的中國、歐洲的法國、希臘、保加利亞、羅馬尼亞等國，北美洲的美國、墨西哥，南美洲的智利都是核桃的主要產區。近年來，核桃樹還把根成功扎進大洋洲的土壤裡，如紐西蘭和澳大利亞東南部。如今，核桃的分布範圍基本覆蓋了北緯三〇至五〇度和南緯三〇至四〇度之間的地區。

核桃果真補腦嗎？

撬開核桃堅殼後，你會看到四仁連體的核仁（前提是你的撬殼方法很完美），它們外披一層褐色薄紙質膜，剝離後則露出天生滑嫩潤白的核桃仁，這便是我們所食用的部位。核桃仁表面起伏不定、曲折有致，如同我們大腦皮層的形狀，按照國人「以形補形，吃啥補啥」的傳統觀念，人們普遍認為它可以益智健腦。這是真的嗎？先讓我們來看看核桃仁的主要成分吧。

不飽和脂肪酸，這是堅果類果實普遍富含且最具「宣傳價值」的組成物質，包括亞油酸、油酸、α-亞麻酸等，其中的α-亞麻酸能在人體內轉化為DHA

（二十二碳六烯酸）、DPA（二十二碳五烯酸）和EPA（二十碳五烯酸），而DHA即是被許多商家奉為「腦黃金」的玩意兒，對嬰兒的智力和視力發育至關重要。其次，鮮核桃仁含有較多蛋白質，包括人體所需的七種必需氨基酸，占總重量的一八％左右（不同品種的含量之間有細微差別）。另外，核桃還或多或少含有磷、氮、鈣、鎂、鐵等多種人體必需的礦物質。

再來看看我們每天都在高速運轉的大腦又偏愛哪些營養成分呢？水、氧氣、蛋白質、葡萄糖、腦磷脂、不飽和脂肪酸和鈣、鋅、鐵等礦物質。如此看來，核桃真稱得上是一款合格的大腦補品了。但它畢竟不是藥品，亦不是主食，我們可以用它來解饞提神、補充營養，但不必因此神化它。

核桃果除了核仁美味可食外，果皮亦非一無是處。經過一代又一代勞動人民的智慧發酵，無論澀不堪言的外果皮，還是堅不可摧的內果皮，都可各自發揮一定作用。核桃的綠色果皮並不是只會給人類增添麻煩，人們利用它分泌黑汁且難以洗淨的特性，將其加工成褐色系染料，染製出不易掉色的布品。而硬邦邦、皺巴巴的核殼，經研磨後變成粗粒粉末，可用作便宜、實用又環保的打

磨材料，打磨軟金屬、石頭、玻璃纖維、塑膠等多種材質，亦是石油鑽井工業中常用的一種堵漏材料。有些天馬行空的畫家還將殼粉摻入顏料裡，混合後用以營造特殊的畫面效果。而去了外果皮的核桃，在我國還有一個大用途——「文玩核桃」，也就是長輩、玩家們手裡常常轉揉把玩的那兩顆油亮暗紅的「轉手球」，成為具有收藏和鑑賞價值的工藝品。

核桃的霸道

所謂「金無足赤，人無完人」。核桃雖討人喜歡，壯大、優美的樹形亦使其成為良好的園林綠化植物，可它的天然性情卻不太善良。核桃外皮分泌的黑汁含有名為「胡桃醌」的醌類物質，這種物質有毒，可以抑制其他植物生長。不同種類的核桃所釋放的胡桃醌量不同，有些品種的毒素甚至能夠置身邊的植物於死地，使其周圍寸草難生，即使將樹移走，胡桃醌也會殘留在土壤中達數年之久！

核桃家的成員這種用狠毒手段排擠潛在的資源競爭者、取得唯我獨尊霸主地位的生存方式，在植物物種之間經常發生，是一種極端的競爭手段。植物學家把這類你死我活的競爭現象，文雅地稱為「化感現象」或「化感作用」。

碧根果 Pecan

誰言益壽唯此家 · 巧手取仁練腦瓜

如今，行家們都在以補腦為由大吃堅果，我也如此，但任何食品的營養成分是絕對的，營養功效則是相對的。然而，有這麼一款刁鑽高傲的堅果，它以香甜酥脆的核仁引誘眾多饕客，又以硬脆頑劣的核殼考驗他們的耐心和熱情，結果是食客一邊貪戀它的美味，一邊抱怨它太堅硬。當我也開始迷戀它時，才恍然大悟——堅果也許真的可以鍛鍊腦力，倒不是其營養成分多麼有利於智力提升，而是優雅地剝開堅果的核殼、盡量完整地把核仁摳出來的過程，不亞於挑戰一道奧林匹克數學題。

大家是否猜得到我指的是哪種堅果呢？沒錯，正是聲名遠揚的碧根果！此物不僅以美味著稱，更因「頑固」的核殼讓堅果控們留下刻骨銘心的印象。據說，擅長除殼取仁的饕客還因此獲得「小資手」的美名……

如何修成一顆「長壽果」？

我第一次聽說碧根果，是透過它頗為吉利的別名「長壽果」。注重養生的行家或許更熟悉這個別名，也更

關心這稱呼是否名副其實。

我們不妨先來看看碧根果的「內涵」：每一百克碧根果種仁約含一三・八克糖類，七十二克脂肪（人體必需的Omega-6脂肪酸占多數），九・一克蛋白質，多種微量元素如鈣、鐵、鎂、錳、鋅，以及維生素B_1、B_2，維生素E等。

再來瞧瞧我們的身體喜歡什麼：碳水化合物、脂類、蛋白質、水、維生素、礦物質。前三樣是如雷貫耳的三大產能物質，在人體內新陳代謝產生能量，亦是構建人體的重要材料。水的重要性不言而喻，身體缺水要比缺食物更可怕。維生素（有機化合物）和礦物質（無機化合物）雖不供應能量，亦不參與機體構建，卻別具用途，且不可替代，均是保障人體正常生長、維持生理功能穩定的必需營養物。

所以，碧根果的營養價值還是很高的。其富含的不飽和脂肪酸可以有效降低罹患膽結石的風險，並降低人體內低密度脂蛋白的含量（低密度脂蛋白過多的話，會增加罹患冠心病和動脈硬化的機率）。相對於其他堅果而言，碧根果的錳元素（可啟動許多種功能酶，促進人體代謝過程）含量要多出很多，因此碧根果是一款適合用來補充錳元素的食物。值得注意的是，凡事都須講究「度」，補給任何營養成分過量，都可能弄巧成拙，引起「營養過剩」。

作為休閒零食，日常食用適量的碧根果對人體確實有益無害，可以發揮補缺保健的作用。但它所含的營養物質並不獨特，在其他多數堅果，包括同家族的「堂表親」核桃中也找得到，只是各成分含量有所差別罷了。當然，除借助食物的養生功效外，我們必須同時保持規律的生活節奏，合理安排膳飲、寢息、工作時間，適度進行鍛鍊，保持內心平和愉快，方能修成一顆「長壽果」。

時髦的洋名

碧根果，乍聽像個洋貨名，莫非是一款舶來品？是的，你說對了。這款堅果來自北美洲，老家是墨西哥和美國，英文名是「Pecan」，音譯即為「碧根果」，意指「一種需要石頭擊裂的堅果」，是美國山核桃樹的果實。其官方中文名為「美國山核桃」，隸屬胡桃科山核桃屬，讀者們可別將它與另一種名稱

相近也廣受青睞的堅果「核桃」混淆了。

核桃雖然也是胡桃科的一員，但姓氏乃「胡桃屬」，與山核桃算是堂表親，所以二者長相既有從共同祖先繼承而來的相同特點，亦有屬於自己的個性標籤。單就果核來說，碧根果形體長橢圓狀，中間肥、兩頭尖，核殼外表皮平滑無褶，核內幾無空隙，種仁之間的隔膜較厚。核桃則為圓球形，粗細均勻，內外表皮皺巴巴，凹凸不平，核內空隙稍大，種仁間的隔膜如薄紙。但由二者堅硬的果核、核內四仁連體且有紙質膜披覆、表面折曲的共性仍可看出，山核桃家和核桃家是有一定血緣關係的。

早在人類進行農耕活動前，碧根果就因能夠提供比其他野食更多的單位熱量，順理成章地成為遠古社會的一種重要食材。十六世紀初，西班牙探險者在墨西哥和美國東南部接觸到碧根果，他們是第一批發現這種美洲美食的歐洲人。當時歐洲人還不認識山核桃屬植物，便把碧根果錯當成胡桃屬的果實，並把它帶到歐洲。後來植物學家才從植物標本和文獻記載中糾正了這一誤識。一直以來，碧根果在其產地都是重要的農作物。美洲印第安人將野生碧根果當作一種日常食物和交易產品，但直到十九世紀八〇年代，美國才開始馴化和商業化種植碧根果。今天，美國碧根果的產量占世界產量八〇%到九五%，其他主要產地有澳大利亞、巴西、中國、以色列、墨西哥、祕魯和南非等國。

理想條件下，美國山核桃樹可以存活並持續結實超過三百年。它們大多自交不親和，即同一植株的雄花花粉不能被雌花接受。這可能因為大部分栽培品種承襲了野生山核桃的一個雜交保障策略——雌雄蕊異熟，即同一植株的雌蕊和雄蕊不同時成熟，以防止自我交配。所以，人們通常讓不同品種的美國山核桃樹相互授粉雜交。

洋貨勢頭猛，大陸貨也不弱

目前，全球有十七至十九種山核桃，其中大約十二種原產自美國。對於碧根果這麼一款集美味、營養和提神作用於一身的果實，饕客們不僅要問：難道亞洲土地上就沒有與之媲美的同屬農產品嗎？別急，中國浙江、安徽、江西

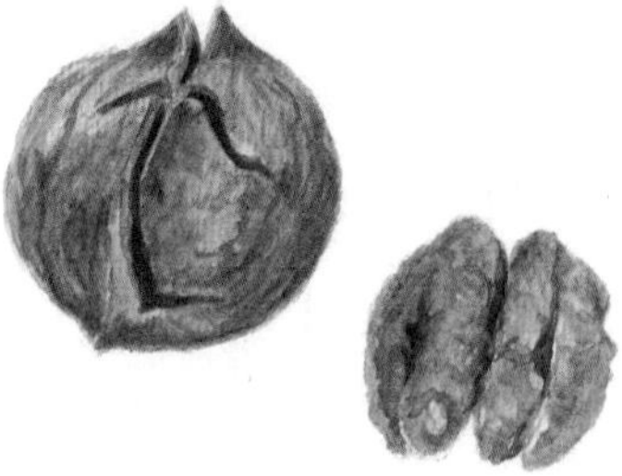

中國產山核桃

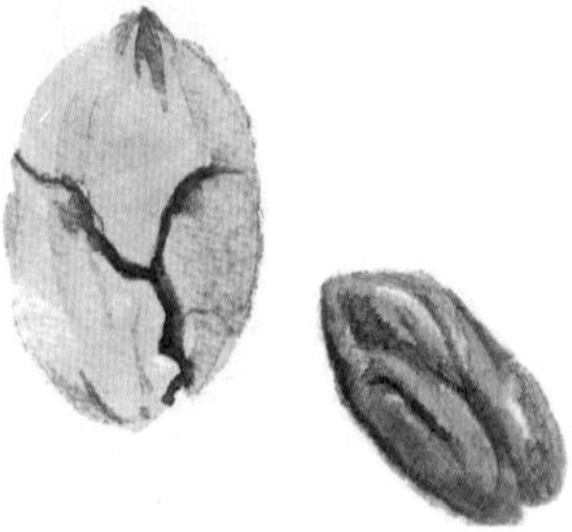

碧根果

等省，就有土生土長的碧根果姊妹種——山核桃。其品相和內涵，絲毫不遜色於太平洋彼岸的美國山核桃。

中國產山核桃因其容貌與核桃相像，體積又小於後者，所以也被稱作「小核桃」。該俗名特別容易誤導未曾見識過山核桃的孩子，不知情的總以為這是某款袖珍型核桃品種，但嘗過的人都知道，山核桃和核桃的味道大相徑庭，前者甜而熏香，後者味香而不甜。

那中國產山核桃和洋貨碧根果又有哪些不同？

只要將它倆放手裡一比較，答案自然顯現。山核桃體態圓溜溜，碧根果中間粗、兩頭尖，似紡錘，前者明顯比後者小一截。再用力捏捏二者，碧根果的核殼也許會碎裂，但山核桃是無法捏裂的，可見後者比前者的內果皮硬多了。

因山核桃體積小又頑固，因此愛啃這玩意兒的人都先將它洗乾淨，便整顆直接扔進嘴裡咬幾下，只聽「嘎蹦」幾聲，接著吐出山核桃到手上，便見小圓球已碎成好幾塊，再細細、慢慢地從殘殼間挑揀碎仁吃。必須注意的是，此法絕對不適用於身體尚未發育完備的小朋友們，以免噎住喉嚨。也有人拿著類似「核桃夾」的鉗子代替牙齒咬山核桃，效果和「嘴咬法」差不多，都挺考驗耐心的，當然也特別適用於消磨時光、悠閒度日。後來逐漸出現機器批量壓殼、人工批量去殼的加工好的山核桃仁，實乃饕客們的福音，以至於有些朋友吃過山核桃仁，卻不知山核桃長什麼樣……不過，以「懶食」為特點的歐美人也不見得認識碧根果的本來面目，因為他們買到手的堅果往往是已經去殼去皮的「赤裸」種仁，若扔給他們果核，相信大多數人會不知如何入口。

真作假時假亦真，碧根果裡藏堅果

雖然不少人見過、嘗過且喜愛乾果市場裡賣的碧根果，但到野外或植物園望見碧根果樹上掛著的一顆顆鮮綠泛光的長圓狀果子時，仍會困惑地問：「那是什麼？」核桃樹也會帶給大家同樣的困惑，因為它倆的果實都不是專業意義上的「堅果」，而是核果，而且是一種假（核）果。

吃過碧根果的朋友都知道，其核殼（內果皮）又硬又脆，沒有核桃殼厚和堅，所以剝殼比較容易，但這不意味著吃起來也容易。因為其果核內空間都被種子占滿了，沒留一點縫隙，不易鬆動離殼，不像核桃，胖墩墩的，拿起來搖一搖，能明顯聽見裡面種子碰撞殼壁的聲音。因此，用力捏破碧根果的核殼後，頭疼的事才剛開始。你需要耐心地一小塊一小塊掰掉硬殼，每小塊硬殼在脫離組織的同時，也為剩餘部分留下頑固的銳角，你只能繼續拆殼卸角、拆殼卸角……待你掰到披著深褐色種皮的種仁露臉一大半並稍微鬆動時，總會興奮地以為勝利的「果子」就在下一步了！可其實，還有好幾步呢——已經引誘你

垂涎三尺的種子依然欲動不離，被果核兩頭的尖細錐形角牢牢卡在原處。不知面對此情此景，你會做何打算，反正我是直接動用身上最強的利器——牙齒，把兩頭尖角咬掉，然後清除果仁周邊的瑣碎障礙，小心翼翼地取出一瓣噴香的仁肉來解救瀕臨乾涸的唾液腺，接著繼續下一個艱難的挖取工作……

時・令

不論何時，當季食物都是美食達人的追求。
在對的時間，遇到對的你們。
你好！板栗、白果、椰子……

板栗 Chestnut

身披利器唬吃貨 · 美食當前誰示弱

秋深冬近，北風凜冽，寒氣襲人，人們在街上行走的腳步都不由得加快了幾分，但此時若有一股濃濃的糖炒栗子香味，恐怕任誰都按捺不住饞蟲，要馬上尋味奔去吧。

栗子，這種在中國栽培至少兩千五百餘年以上的吃食，可以稱得上是最受古今饕客們喜愛的堅果之一，早在《詩經》中便被用作傳達愛意的信物：

東門之墠，茹藘在阪。其室則邇，其人甚遠。

東門之栗，有踐家室。豈不爾思？子不我即！

當板栗遇上鑽牛角尖的植物控

栗，即我們常說又愛吃的板栗。板栗樹是一種高達二十公尺的落葉喬木，胸徑可達八十公分。在中國，除青海、寧夏、新疆、海南等少數省區外，栗樹廣布南北各地，從平原到海拔二千八百公尺的山地都有種植。

在漫長的歲月中，園藝師們根據不同地域特點，培育出多種可量產的板栗品種，如優良的歐洲栗，它的果實個頭適中、味道香甜、容易去皮；美洲栗果則通常較小（大約五克），但味道甜美，也方便剝皮；日本品種中有些個頭很大（大約四十克），卻難以去皮。對比來看，中國板栗可謂表現出色：各品種既容易撕掉種皮，味道也不錯，個頭根據品種不同大小有異，但一般要比日本板栗小。

特定區域的環境資源總是有限，共處一地的植物之間不可避免地要為自身生存暗地較勁，表面風平浪靜，實則競爭殘酷。一粒栗子成熟落地後，若想茁壯成長、開枝散葉，就得想方設法離開母體，勇往直前另尋適宜扎根之地。但眾所周知，除了藤蔓植物外，其他草木沒腿沒腳沒尾巴，不能自動挪移，那栗子是怎麼起程的呢？

別忘了，世界上還有動物。栗樹常在秋季結果，此時氣溫漸降、寒風已起，活潑好動的小動物們比往日更加頻繁現身，四處找尋食物儲藏起來準備過冬。栗子富含澱粉和糖，是補充能量的極佳果實，自然成為亟需增肥的小動物們之首選口糧。然而栗子身披一件布滿銳刺的「盔甲」——殼斗，沒熟透之前，栗子一般不會自動掉落，而是高掛枝頭，藏身殼斗之中，即使落地了，也常和「盔

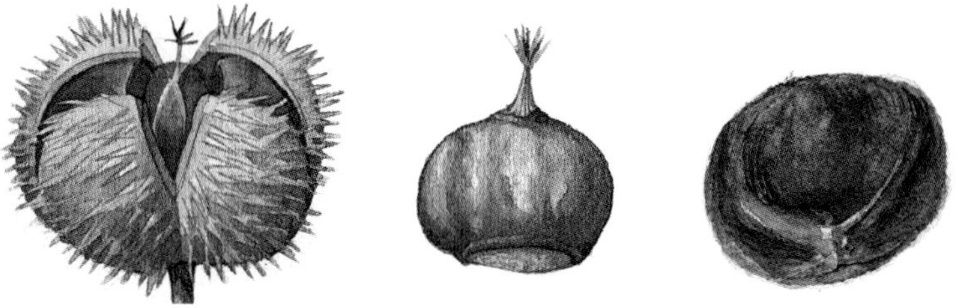

甲」形影不離。若想收穫這大自然饋贈的可口果實，唯有手腳敏捷、膽大心細、勤快覓食的動物才可以做到。松鼠，便是其中的佼佼者。

見過這小傢伙的人都知道，活潑可愛的松鼠絕對是爬樹好手，牠們能在眨眼間從樹下爬到樹梢，從幾十公尺高的樹冠輕而易舉地跳到另一棵樹上，採食栗子更是雕蟲小技。牠們四肢強健，趾爪修長、尖利、微彎呈鉤狀，能熟練掰開已經裂口的殼斗，掏出裡面的堅果。松鼠臉頰內側有頰囊構造，能暫時儲存食物。蒼天一定十分寵愛這群小精靈，所以額外賜給牠們四顆強硬的小門牙，與其他齧齒動物一樣，這些門牙會一直生長，牠們可以輕易撕下硬邦邦的果殼，享用美味的果肉。松鼠喜歡獨來獨往，牠們白天活動，不冬眠，入冬前覓食更勤快，儲備乾糧，待天氣冷得不行了，便甚少出窩活動，而是在洞中抱著毛茸茸的長尾巴大睡特睡。

等等，那栗子全被吃了，栗樹怎麼完成繁衍種族的使命？放心，所謂「魔高一尺，道高一丈」，栗樹每年都會產出非常豐盛的果實來滿足小動物們的胃口。縱使是松鼠這麼貪吃、勤奮的熟客，也網羅不了所有的栗子。最重要的是，松鼠會未雨綢繆、囤積食糧，這著實是個好習慣。牠們會遠離栗樹挖下地洞，把吃剩和未熟的堅果埋進土裡藏起來，有時會聰明地分成幾批，埋在不同的地方。於是狀況來了——總有幾隻松鼠記性差，忘了自己親手打造的小糧倉地點，藏得分散了更是暈頭轉向，甚至永遠找不到。被埋的栗子自然會抓住機會，得意揚揚地萌發了。就算某天松鼠找到「地下糧倉」，恐怕心急的栗子也已經生根發芽了。

瞧，對栗樹來說，松鼠簡直就是無敵播種機！小傢伙們傻傻地幫栗子安家，栗樹獻出一半果實回報牠們又算得了什麼。互助互利，各取所需，攜手演化，同享陽光和雨露，才是自然之道。

野外遇栗子，莫偷松鼠食

摘過野生板栗的人都知道，採食板栗可不是一件好玩的事：它的殼斗上布滿了又硬又密的尖刺，讓人望而生畏。尚未成熟的板栗，殼斗開口很小，俗稱「毛栗子」，長在樹上就像一隻隻掛著的袖珍刺蝟，絕對秒殺密集恐懼症患者。毛栗子很難從樹上被打落，也很難被撬開，縱使人們費盡九牛二虎之力挖出生栗子，味道也是難以下嚥。

且耐心等上幾天！記住這個地點、這棵栗樹，過些日子再來，就會發現毛栗子們已張大嘴巴，嘴裡正含著飽滿發亮的堅果，彷彿召喚我們趕緊站到樹下接著。

先別興奮過頭，野外採摘栗子是件充滿技術的冒險活動。一人上樹拿棍子敲打枝條，其他人必須遠離栗樹站著；若樹木不高或瘦弱，也可以在樹下擊打或搖晃，但這種情況很危險，從樹上嘩啦啦掉落的可不只有成熟的栗子，還有貼身保衛的殼斗。若這件銳器正好飛去與你親密接觸，恐怕沒有理由不付出「血的代價」了。

有時過幾天再去，想收穫一袋新鮮板栗，卻驚訝地發現地上幾乎不見一顆栗子，只有空空的殼斗遍布原野，枝頭的殼斗雖張著嘴巴，嘴裡的果實也不翼而飛。有經驗的人會立刻想到這是勤勞的小松鼠幹的好事，牠們一定把栗子藏到某個隱蔽的地方了。

也許經過地毯式搜尋，終會找到那個誘人的小糧倉，然後不勞而獲，高高興興抱著栗子回家。但是，可憐的松鼠們會怎樣？我們回到家中還有米麵肉菜填肚子，但小松鼠們失去了過冬的食物，卻有可能在即將到來的冬季挨餓。牠們和人類一樣沒有任何特異功能，「堅果倉庫」是靠每天早出晚歸，頂著寒風來來回回跑了幾百趟，冒著被殼斗扎傷的危險所打造出來，結果竟被人類一聲不吭地搶走了，想想都替松鼠心疼……

拿什麼拯救你，美洲栗！

雖然中國和世界各地的栗屬植物分布廣泛，栗子產業蓬勃發展，栗子及其加工品總是市場常客，但整個栗屬仍遭遇不少病菌的危害，甚至某些品種因此瀕臨滅絕。其中，美洲栗是最可憐的一位，自從遇見栗疫病菌，美洲栗就深受這種栗樹天敵的迫害。東亞栗種，如中國板栗、日本栗、茅栗等，很久以前即已認識栗疫病菌，在長期抗衡和協同演化過程中，逐漸練就一身抗菌本領，受傷程度不大。而歐洲和北美洲栗種，過去未曾碰上栗疫病菌，體內幾乎沒有具備相應的抗體，所以到了二十世紀初，栗疫病菌漂洋過海侵入美洲大陸時，短短五十年便「屠殺」美洲栗近四十億棵！簡直快把生機盎然的美國東海岸生態系統夷為廢墟——那兒一直是美洲栗大顯身手的舞臺，許多動物都以栗樹的葉、花、果為食，或以栗樹為家。

歐洲和西亞的栗種也易受傷害，只是不如美洲栗這麼不堪一擊。一九八三年，一些愁眉苦臉的美國人（據說多達六千人）為此成立了美洲栗保護基金會，致力於挽救這個曾經家業輝煌、如今卻「栗口」凋零的物種。那些擁有抵抗能力的栗屬物種，特別是中國板栗和日本栗，陸續被請去與美洲栗反覆雜交，再經重重選育，終於產出既能抵抗病菌，又像祖先那般高大威猛的混血後代，但這群兼具亞美血統的新生代有些嬌氣，只喜歡長在美國少數地區，要想拯救奄奄一息的美國東部栗樹群，尚需時日。

白果 Ginkgo nut

世人只知果葉好 · 長歲孤身皆寂寥

如果哪一天植物界舉辦選美大賽，我相信有種植物一定會以其與眾不同的姿容、優雅脫俗的氣質和居高不下的人氣，名列前茅。它就是銀杏。銀杏之美，乃是舉世公認、獨一無二的，尤其是它極富個性的扇形葉，已成為眾所周知、人見人愛的天然「名片」。

我第一次真正認識銀杏是在大學實習時，老師帶我們在校園裡認花識草。走到一株高大粗壯的銀杏樹下，抬頭仰望那片片迎風搖曳、綠黃相染的扇形葉，以及掛滿枝頭的銀杏果時，

大家都不由得駐足觀賞，連白髮蒼蒼的植物學老教授也動情地說道：「再過一個月，銀杏的葉子就差不多全黃了，到時秋風一吹，滿地都是金黃的落葉，光影交錯間便是秋的韻味。我至今仍覺得，若地球有末日，到最後只剩銀杏一種植物了，這世界也依然美麗。」

光芒閃閃的活化石

對植物學家來說，銀杏之美還在於它獨特的分類學地位。身為裸子植物一員，它竟獨占一門，即銀杏門往

下，是銀杏綱、銀杏目、銀杏科、銀杏屬、銀杏。如此獨樹一幟的現象，在整個植物界也是罕見的。因而，銀杏及其家族的演化祕密一直是古植物學家樂此不疲的研究對象，但過程並非一帆風順，人們很難找全各個地質時期的關鍵、確切的化石證據，來描繪銀杏家族的祖先到現代銀杏的一系列演變步驟。

一九八九年，由中國考古學家挖掘發表的一套銀杏化石，是目前已知年代最早、保存最完整的化石證據，其生殖器官化石直接證實了銀杏家族早在恐龍誕生之前就已現身地球，後來還和恐龍攜手走過熱鬧蓬勃的侏羅紀時期。遙想那段光輝歲月，銀杏家族應該同今日的柳樹一樣繁盛吧。

現在，科學家們從已出土、十分有限的銀杏化石中推知，距今約兩億七千萬年前，銀杏科屬便基本形成，過了幾千萬年，恐龍開始出現，而銀杏家族則早已進入昌盛時期。可是，大自然從不賜予任何生物永恆的平安和榮華。隨著被子植物出現並迅速爆發、壯大，輝煌一時的銀杏家族和其他裸子植物急劇衰落，往後幾次高強度、大規模的氣候變化，更是把應變能力有限的銀杏家族打擊得支離破碎、殘敗不堪了。到如今，只剩銀杏孑然生息。

我們很難想像，現代的銀杏種是如何死裡逃生、忍耐孤寂，熬過那漫長歲月的。如此殘酷的時光雕琢，給銀杏之美平添了幾分悲情和偉大，亦把它打造成裸子植物群中一顆閃亮的「活化石」。

繁華的表面，脆弱的家業

也許是因為經受過大磨難，今日的銀杏，既特立獨行，又無比頑強。瞧瞧它廣布中國的栽培區，北自瀋陽，南達廣州，東起華東海拔四十到一千公尺的

地帶，西南至貴州、雲南西部（騰沖）海拔二千公尺以下地帶，足以彰顯它強悍的生命力。銀杏喜歡陽光，扎根深，對氣候、土壤不太挑剔，萌發新芽的能力強。但是它從種子萌發到壯年期的過程特別緩慢，沒有幾十年樹齡是結不了果、成不了材的。一般用銀杏種子育苗，二十年後才進入繁殖年齡，開始結種。因此古人趣稱銀杏為「公孫樹」，意指爺爺播下的銀杏種，要等到孫子那輩才長成銀杏大樹，也才吃得著大樹產的白果。但栽培苗就不同了，人們常將由種子長成的實生苗、移杆苗或根蘗苗進行嫁接，可使銀杏結實期提前至八到十歲。

即便隨處可見銀杏成景、白果出售，但因為它是中國特產的孑遺稀有植物，所以仍是中國國家重點保護的對象。經過幾十年的植物學調查，專家們發現僅存幾片野生的銀杏林，其中最大的野生林分布在重慶金佛山，主要位於海拔一千一百到一千二百三十公尺的地方，生長旺盛，從青年至老年各年齡段的樹木一應俱全，更重要的是具有豐富的遺傳多樣性。

除此之外，雲南貴州交界處也零星分布著少量野生銀杏林。值得一提的是，一九五四年在浙江天目山發現的銀杏林，曾被認為是唯一殘存的天然銀杏林，但近年的相關研究表明，這片林子極可能是人工栽種的，是寺廟文化遺留的產物。為什麼呢？因為天目山銀杏林的遺傳多樣性很低，而自然繁衍的樹林不太可能出現這種情況。遺傳多樣性低，意味著該地栽培的銀杏都共用著類似的遺傳物質，彼此的應變能力半斤八兩，一旦發生病害，此處幾百株本質一樣的銀杏就很可能會遭遇滅頂之災。

是「核果」，還是種子？

銀杏是落葉大喬木，身姿矯健、挺拔，主幹向外伸出一輪輪大分枝，分枝斜上伸展，若你留心觀察，會發現在大分枝和較長枝之間還有許多極度縮短的粗枝，這些長枝和短粗枝的脾性卻不太一致。長枝上，扇形葉螺旋狀排列散生，常從中間不同程度地裂開；短枝上，扇形葉若干片密集著生，邊緣呈波狀，而我們愛吃的「白果」就是從短枝上冒出來的。

銀杏還有個好玩的地方是雌雄異株，且雌雄毬花均生於短枝頂部的鱗片狀葉內。雄毬花像條葇荑花序，不過「花序」上長的不是花，因為裸子植物是沒有花的。雌毬花更有趣，有明顯的長柄，柄端有分叉，叉頂內含有一個胚珠，胚珠成功受精後，就會發育成核果狀的種子了。種子被長柄垂吊於短枝上，具三層種皮，外種皮肉質、中種皮骨質、內種皮膜質，等等，怎麼聽起來很耳熟，像是「核果」的定義？沒錯，典型的核果，如桃、李、梅、杏等的果實，也有三層不同性質的果皮，可是，銀杏乃裸子植物的一員，裸子植物共同且突出的特徵是「無花、不結實」，所以銀杏即使是「裸子」中的奇葩，它的雌株短枝上冒出來的「核果」也肯定不是果實，而是種子，即我們俗稱的白果。

白果從何而來？

沒嘗過白果的朋友或許會困惑，為什麼要叫它「白果」？看白果果肉的顏色，明明不是黃就是綠，貌似和「白」沾不上邊呢。其實，真相是這樣的，人們常說的「白果」，是指被中種皮包裹起來類似果核的部分。而銀杏成熟時，

外種皮呈橙色，被覆白粉，柔軟多汁；中種皮呈米白色，硬不可摧；內種皮呈淡紅褐色，薄薄一層圍合種仁。

每年一到豐收季，總有人會去撿拾銀杏種子，或敲打樹上未落的銀杏種子，甚至不惜冒著生命危險勇攀樹冠，貪吃精神堪比科研人員的研究熱情。而銀杏種子採摘期過後，很快會出現另一道風景：一攤一攤的銀杏種子被鋪開曝晒，一股若隱若現的臭味也隨之產生，這味道來自腐爛的銀杏肉質外種皮。幾天後，臭味消失，外種皮也變得乾裂，可以被輕鬆扒掉了。這時的銀杏種子顏色變白，因此得名「白果」。市面上出售的銀杏種仁，幾乎都是這種被去了外種皮、可長期儲存的白果。

記得小時候過年，總有親戚送來不少白果，春節前後吃白果百合湯，曾是我家的「年俗」之一。但想吃上這道菜，就不得不做一點棘手的準備工作——剝除白果的硬殼。乍看這些白果，有點像閉合的開心果，通體滑溜、潔白，教人不知如何下手。於是我拿起一把小鐵錘，對準已穩穩躺在地上、有稜有角的白果敲擊幾下，直至果殼開裂。過程看似簡單，其實飽含技術——得控制好敲擊力度，重則砸跑白果或砸碎種仁，輕則毫無成效。只有分寸拿捏恰當，方可一敲即裂。

堅殼裂開後，露出薄膜質的內種皮，搓一下便掉了，頓時出現真正可食、光滑柔嫩的種仁，然後入鍋煮熟，出鍋時即成一粒粒瑩潤如玉的小圓球，令人垂涎三尺。嘗過的人都知道，白果仁的芯是苦的，這芯便是子代生命體的雛形——胚，仔細觀察會發現這芯具有嫩葉狀結構。而我們食用的仁肉，實際上是儲存和供應養分、味甘略苦的胚乳。

毒可做藥藥變毒，真真假假須明辨

白果仁有毒？這倒不是危言聳聽，而是確實有一些根據。其毒性主要來自一種名曰「銀杏酚」的天然化學物質，銀杏的扇形葉也含有少量這種物質。銀杏酚是維生素B_1的拮抗劑，進入人體後，可能會抑制某些生理活動，最終引發癲癇或驚厥。銀杏酚耐熱性強，遇熱不易分解，烹飪也無法消除。因此熟食白

果時，務必控制好數量，小孩更要少吃些。最好先去除白果芯，並控制食量在十粒以內。處於孕期的女性和哺乳期媽媽，建議就別吃白果了。

往往一般人聽聞某種植物有毒，首先想到的似乎是該植物能否做藥治病。古人云：是藥三分毒；毒藥、毒藥，毒和藥本是一體，只要掌控得當，應該可以化毒為藥。

於是乎，每年落葉時節，圍在銀杏樹下團團轉的人，不僅有找種子的，還有專門撿扇形葉的。一些遊客撿銀杏葉是出於愛美之心，被漂亮的扇形葉吸引了。可有些伯伯、阿姨拎著袋子弓著身，撿了好長時間，像是在收集落葉準備拿去賣，頗讓我費解。後來，我忍不住上前詢問一位在銀杏樹下繞來轉去的長輩，為何撿這些枯葉？他說，看了一檔養生節目，裡面提及銀杏葉和白果一樣含有某些成分，每天拿銀杏葉泡水喝可以預防痴呆，有益身心，而且白果太貴了，還不如嚼葉子吃呢。我傻了，這樣也行？

其實，二〇〇八年一項NCCAM（美國國家補充和替代醫學中心）資助的研究已得出結論：作為一種預防早老性痴呆的天然物質，銀杏顯然「不合格」，因為它對減緩認知能力衰退起不了什麼作用。此外，目前也無有力證據表明食用銀杏能緩解高血壓、耳鳴、黃斑部病變等疾病。銀杏入藥，還須謹慎哦。

椰子 Coconut

形似怪臉名瘮人．內外是寶可裝萌

在古阿拉伯民間文學名著《一千零一夜》中，有一個航海冒險家辛巴達七次航海歷險的故事，其中一段辛巴達第五次出海的經歷很有趣：辛巴達在海上飄蕩多日，偶然到了一個名叫猴子城的城市。顧名思義，這裡的猴子特別多，牠們白天偷城外果園裡的果子吃，吃飽了躲到山中睡覺，晚上就成群結隊地竄進城擄掠財物。

所以猴子城的百姓都有一個奇怪的習慣：一到夜幕降臨，他們就離開家，乘船到海上過夜。起初，辛巴達

也夜夜移寢海上，次日清晨再划船靠岸。直到一天，有個本地人傳授他一項可以維持生計的本領——先去撿石頭，然後到猴子棲居的山谷，那兒長滿了高不可攀的大樹，猴群一見人來便立刻躲藏到樹上。人們拿石頭扔向樹上的猴子，猴子就會模仿人的動作，摘樹上的果實當作武器進行還擊。很快地上就堆滿了野果。結果扔石頭的人們不費吹灰之力地「換」回一袋袋野果，販賣賺錢，辛巴達也得以掙得一筆回家的路費。

這個故事中，猴子用來當作武器的野果就是在熱帶、亞熱帶沿海地區最常見到的椰子。有趣的是，現實中有些地區採收椰子還真會請猴子來幫忙。如泰國南部和馬來西亞的吉蘭丹州，當地百姓會訓練一種名叫豚尾猴的獼猴，每到椰子成熟時，就讓這些獼猴上樹採摘，甚至設立了專業的獼猴培訓學校，每年舉辦採摘比賽評出「最快收穫者」。

關於椰子，可講的也不只猴子城這一個故事，有個中國本土的傳說不得不拿出來八卦一下。

其漿如酒的「越王頭」

西晉文學家嵇含所著的《南方草木狀》一書，是世界現存最早的區系植物志。書中提及一事：林邑王曾與越王有怨，於是派遣俠客刺殺越王，得手後將越王的首級懸掛在樹上，沒想到越王的首級竟化成了一顆果子。林邑王命人剖開這果子，喝掉裡面的汁液，並把果殼當杯子用來飲酒。據說遇刺時，越王是喝了酒的，所以他的頭顱化成的果子其漿如酒般香醇。從此，南國人紛紛仿效林邑王，飲用這種果子的漿汁，並用殼來盛放食物，而「越王頭」也成了椰子的中文別名。

這就是關於椰子來歷最「血腥」的傳說。這個傳說的真假討論暫且擱下，但故事本身卻是十分生動而準確地刻畫了椰子的關鍵特徵、主要用途和分布區域：身為喬木，椰殼似顱骨，一側猶如人面，內含甘甜如酒之漿液，既可飲食又可作器皿，遍布南方，廣受喜愛。

認真追溯一下，椰子的拉丁學名叫「Cocos nucifera」，直譯為「可可堅果」，所以《臺灣木本植物志》稱其為「可可椰子」。但此「可可」非彼「可可」，椰子和作為巧克力主料的可可（Theobroma cacao）毫無關係，二者之間唯一的關聯不過是其英文讀音相近罷了。椰子的英文名為「Coconut」，源於十六世紀葡萄牙語和西班牙語詞彙「Coco」，意指「頭」或「腦殼」。拋開食用價值不說，椰子最令人稱奇的莫過於它形似人腦的古怪內殼——椰殼（內果皮）近基部有三個凹陷的萌發孔，極像一個米色的人類顱骨，或是一張搞笑的猴臉。

椰子也被稱作「印度堅果」，義大利旅行家馬可．波羅早在一二八〇年遊

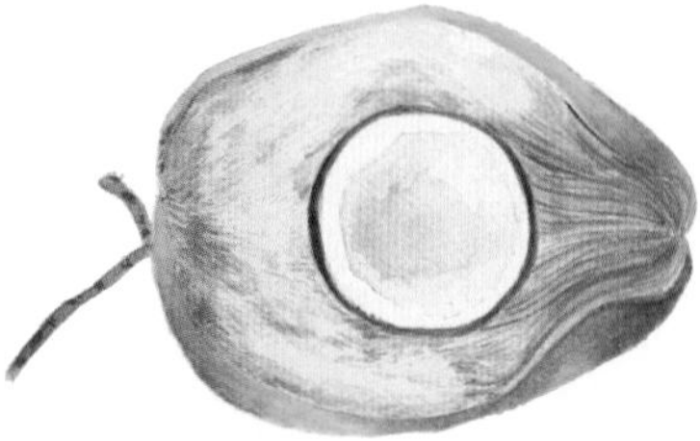

椰子果殼橫切面

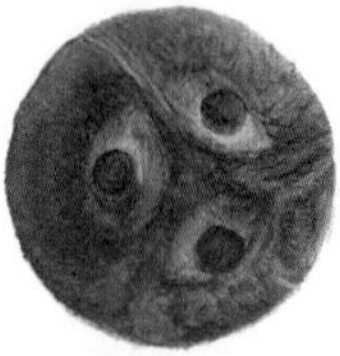

內果皮圖

歷蘇門答臘島時，就使用了這個源自阿拉伯語的名詞。現存已知最早記錄椰子樹的文獻是在西元五四五年，中國早在西漢時期便已出現記載椰子的文獻，諸如《上林賦》名其為「胥邪」，《史記》稱之為「胥余」，《南都賦》稱之為「楈枒」等。

搭個天梯觀椰子

椰子樹是種高大、挺立的常綠喬木，廣布熱帶、亞熱帶沿海地區。其莖幹具有明顯的環狀葉痕（葉子脫落後留下的痕跡），大型羽狀全裂葉簇生於莖頂，羽片多而細長。海風吹來，樹葉隨風搖曳，彷彿一簇翠綠柔軟的羽毛在高空歡欣起舞，極具觀賞性。因此，許多濱海城市喜歡大量栽植椰子樹，

配以藍天白雲、熱浪海風，實乃一派亮麗、獨特的海濱風光。可這都是遠觀椰子樹的感覺，想把椰子樹看個仔細，那可不容易，因為它實在是太高了。

椰子樹的樹冠總是「高高在上」，估計沒有太多人有機會看得到它的花，可就是這些生於葉叢中的黃色小花群，最終長出了人見人愛、消暑可口的椰果。椰子花是有性別之分的，上部的花較小，能製造並散布花粉，為雄花；下部的花是雌花，相對較大，缺少雄花中那六枚明顯的雄蕊。雌花中央有雌蕊，雌蕊上方的柱頭接受外來合適的花粉後，下方開始膨大發育，若干天後，便掛出又圓又綠的椰果了，而且一掛就是好幾個。據說在非常肥沃的土地上，一棵椰子樹每年結實可多達七十五個。

如果替椰子找個組織的話，那麼依據現代植物學自然分類系統的七個基本階層來分類：由上到下（範圍從大到小）依次是：界、門、綱、目、科、屬、種，所以椰子在植物學家們的筆記上是這樣的：植物界——被子植物門——單子葉植物綱——檳榔目——棕櫚科——椰子屬，椰子是椰子屬中僅有的一種。

椰子全身都是寶

在熱帶旅遊城市的大街小巷，常能見到叫賣新鮮椰子的商店或攤販。這些椰子大都從樹上採摘下來不久，飽滿、光滑、青綠泛黃。烈日炎炎，口乾舌燥，這時若來一個椰子，喝上幾口鮮甜清爽的椰汁，該是何等幸福！要是當場取飲椰汁則更有趣：水果攤老闆會俐落地拿起大刀劈開一層厚厚的果殼。從橫切面上看，果殼外圍綠色部分最薄，為外果皮；往內是纖維質的中果皮，俗稱椰棕，這部分最厚。用力剝下中、外果皮，便露出帶有三個洞、乾燥堅硬的內果皮。

開篇提到這三個洞其實是萌發孔，種子萌發時，會從其中一個未封閉的洞口伸出幼葉。老闆只需在此孔上輕捅一刀，插進吸管，顧客就能立刻享用甘涼無比的椰汁了。喝完椰汁，可別立刻丟掉椰殼，那簡直是暴殄天物。作為高級饕客，我們應當把可愛的「笑臉」遞給老闆，他便又操刀劈開內果皮，再從外果皮上取下一塊，斜向削平一端，用作「小勺」挖椰肉——貼在椰殼內表皮上的白色胚乳。

胚乳層（椰肉）內裝有富含養料的乳狀汁液，即我們飲用的椰汁。挖起胚乳時，還能看到胚乳背面緊貼一片薄薄的深色種皮。而種子最重要的部位——胚，則低調地長在與萌發孔相對的一側。種皮、胚乳、漿液和胚，共同構成了椰子的種子。因此，椰子是最特別的核果之一，我們食用的是它的種子。

喝完椰汁、吃罷椰肉，剩下硬邦邦的內果皮是否就無用處了？答案當然是：不！難道內果皮也能吃？這個嘛……別什麼都往吃的方向想。

中果皮厚厚的纖維可以製成毛刷、草席、地毯、纜繩、麻袋等；而抗冷耐熱的椰殼則可以做成各種器皿和工藝品，或製成能有效去除汙漬的優質活性碳，還可做成特殊樂器。要是在劇院那種聚音效果好的場地，擊打半個椰子殼就能產生類似馬群奔跑的蹄聲。乾燥的椰殼是製作椰胡和板胡的原材料，亦是一種菲律賓傳統舞蹈的伴奏樂器。

這還不算完，就連軍事應用方面，也有椰子的一份功勞呢。第二次世界大戰期間，一位海岸放哨員收到後來成為美國總統的約翰·甘迺迪之命令，從索羅門群島前往一艘魚雷艦的失事地點救助傷亡船員。那時物資條件艱難，缺乏

紙張，放哨員便把失事魚雷艦的情況寫在椰子殼內側，再用獨木舟向外傳遞。後來，這個刻有重要消息的椰子殼便一直被擺在總統桌上，如今已被甘迺迪博物館收藏。

而懂得椰子好處的又豈止我們人類。澳大利亞學者曾發現在印度尼西亞的峇里島海域有種章魚，居然會利用椰殼來防禦敵人和掩護自己，這是已知的第一例無脊椎動物懂得利用工具的發現。

搬顆椰子回家種？

椰子雖有千般好，但還真不是在哪兒都能生長，椰子樹是典型的熱帶樹木，喜歡高溫、多雨、潮溼、溫差小、陽光充足的低海拔生長環境，偏愛沙質的海岸沖積土和河岸沖積土，也能忍受高鹽土壤。

氣候乾燥的地區，如地中海東南部和澳大利亞，若無頻繁灌溉，椰子樹將難以存活，即使那裡的溫度和光線強度足夠高。但像巴基斯坦這種長期溫暖、溼潤的地方，儘管年均降水量只有二百五十毫米，仍能覓見椰子樹的蹤影。中國福建、廣東、雲南、海南等省，以及臺灣均有椰子樹的分布。

現代園藝培育出了許多極具商業價值的椰子品種，大致可分為「高個兒系」、「侏儒系」和介於二者之間的「雜交系」。高個兒系和侏儒系擁有截然不同的遺傳基礎，前者經過異型遠交，保持了豐富的遺傳多樣性，據說侏儒系便是從高個兒系中選育出來的，後者充分體現了人工選擇的傾向，更具觀賞性，也能更快萌芽和結實。

目前世界上有八十多個國家開展椰子種植產業，以赤道和南北回歸線的沿海地區為主，每年總共生產六千一百萬噸果實，為世界各地的饕客們做出了重要貢獻。所以，大家也就沒必要為著這一口香甜的椰汁，而惦記著要在家裡種棵大樹了。點開購物網站，各種椰汁、椰子片、椰粉、椰子糖數不勝數，輕鬆便能大快朵頤。

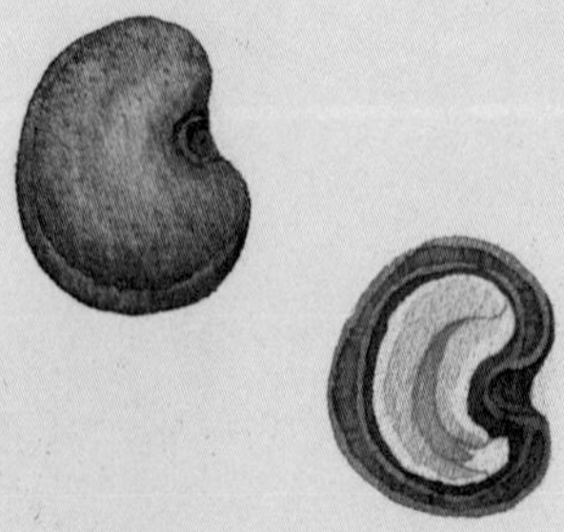

珍・饈

物以稀為貴，又以貴為珍，

細細品嘗價高味美的堅果，

這份閒適本身就是一種奢侈。

腰果、松子、夏威夷果，嘎蹦，嘎蹦……

腰果 Cashew

一果雙型兩命運 · 格物還需向花尋

若要從琳琅滿目、營養豐富的堅果大家庭中選出一位「果姿」最奇特的選手，你會投票給誰？椰子、花生或是開心果？

我會提名腰果。若你見過它的本來面目，相信你也會支持我。因為腰果在樹上時的樣子，與我們平日吃的腰果仁大相徑庭：腰果仁在樹上的時候，不是原味腰果仁那種米白色，也不是炭燒腰果仁那種淡咖啡色，而是淺棕色的，還帶了一層不算厚的殼。而最奇特之處在於，腰果的「屁股」

上還長著一個大大的「瘤」！那個瘤看起來很像蓮霧、蘋果或者紅椒，顏色從翠綠到豔紅漸次變化，光鮮亮麗，水感十足，很是誘人。

腰果也曾囂張過

腰果，又名雞腰果、檟如樹，檟如樹是英文名「Cashew」的音譯，源自葡萄牙語名「Caju」的讀音版變形，是葡萄牙人根據巴西原住民對腰果的發音所取，意指「一種能自我繁殖的堅果」。這說明腰果的食用歷史與巴西人和葡萄牙人息息相關。

確實，腰果原產自巴西東北部，十六世紀六〇年代，已是南美洲當地特色美食的腰果，被具有商業頭腦的葡萄牙探險者發掘，並帶到非洲東南部的莫三比克種植。腰果顯然很喜歡那裡的氣候和土壤，短短若干年就從幾株苗發展成一大片壯觀的腰果林，並給葡萄牙商人帶來豐厚的利潤。賺到錢的商人們又興奮地跑到北半球差不多同緯度的印度群島開拓腰果新產地，結果腰果對印度也一見鍾情，迅速扎根繁殖。

漸漸地，腰果如脫韁的野馬，在南北回歸線間的大陸上擴張地盤，曾一度勢不可當，狂妄得不受控制，被大西洋、印度洋滋潤著的非洲、亞洲近海區域及附近島嶼都有它的蹤跡。直至今日，奈及利亞、印度、越南、印尼等地仍是全球腰果的主要產地。腰果生命力頑強，在溫暖的地方幾乎能夠隨意生長，但非常怕霜凍，常年強陽高溫的熱帶地區是它們理想的根據地，如今腰果基本定居於北緯二十五度到南緯二十五度之間的不同氣候區。

至於中華大地，腰果則姍姍來遲，直到二十世紀四〇年代才進入中國市場。中國的腰果生產栽培史可謂一波三折：二十世紀五〇年代末，首次從國外進口的商品種子在廣東、海南、廣西、雲南、福建、四川等南方省分大面積試種，結果遭受寒害，只有海南和雲南取得了一定收穫；二十世紀七〇年代初，海南和雲南繼續引種、大規模栽培，成效還不錯；堅持到了二十世紀八〇年代到九〇年代初，在中國農業部的重視和推廣下，這種充滿熱帶風情的南美洲堅果在中華大地終於過上了一段好日子。可惜好景不長，因栽培管理困難、品種衰退、利潤不佳等種種原因，中國腰果產業日漸式微，今時今日依舊未成氣候。

一果兩型的祕密

腰果樹是種灌木或小喬木，身高四到十公尺，葉革質、兩面光滑無毛。花很小，可是量很多，眾多嬌小的花姑娘面抹粉妝，密集長到一塊，按一定模式排成一大簇圓錐狀的花序，並高出濃綠的葉叢，驕傲地立於枝頭，張揚而醒目，如此招搖只為招蜂引蝶，執行傳宗接代的使命。

你可別輕看這些小巧玲瓏的花，它們貌似一致，卻內在有別，一個大花序

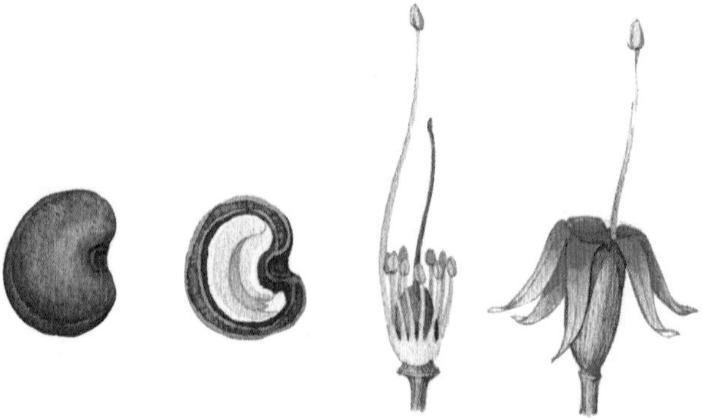

上多數花是「華而不實」的雄性，只有雄蕊健康發育；有些則是兩性花，雌蕊、雄蕊完好可育，腰果便是從這種兩性花變換而來的。所以，我們常常發現腰果樹開花繁茂，到最後每個花序卻只結出寥寥幾個果子，與花朵數量嚴重不成比例，原來是腰果家有過半數的花患了「不孕不育症」啊。

待兩性花的雌蕊受精成功，雌蕊下方育胚的部位——子房便開始華麗變身。在堅果界身價不菲的腰果，其原本面貌（從果端到果柄）總被分成兩部分，中國人最常吃的是形似微型腎臟的「堅果」，而貌如蛇果且可食的「漿果」，卻沒有進入擁有最多饕客的中華市場，以至於大多數對腰果仁青睞不已的中國人，竟茫然不知腰果其實還附帶著同樣美味的大「瘤」。

這個「瘤」是由花托變來的，在子房朝「堅果」方向

發展的同時，花托也跟著長肉增肥、膨大成漿果似的「果托」，成熟時表皮蠟質亮滑，呈紅、黃或橙紅色。果托不僅樣貌像蓮霧、梨、蛇果、紅椒，肉也很好吃，完全可以「冒充」水果，供人消暑解渴。

在腰果盛產地，人們送它一個形象的稱呼：「腰果蘋果」（Cashew Apples）。腰果蘋果柔軟多汁、酸甜可口，且富含維生素B和C，具備不錯的營養價值，而且還有一點很討人喜歡：吃起來方便，不必吐子。美中不足的是，它的表皮含有一種天然化學物質——漆酚，所以吃起來澀澀的，比較影響口味，有些人還會對此種漆酚輕微過敏——芒果皮也有幾乎相同的致敏性。

另一點不足是，採摘腰果蘋果後必須趁新鮮吃掉，因為它極容易腐爛，通常放置一天就變質了，所以無法長途運輸，因而市場上罕見腰果蘋果出售。總體來說，這是款不遜色於傳統水果的果子，在腰果產地，腰果蘋果都被直接置於水果攤上販售，銷量十分可觀。南美洲人喜歡將腰果蘋果製成腰果汁及風味飲料，尤其是巴西人享用「國飲」卡皮利亞（一種雞尾酒）時，總要加些腰果蘋果汁調味。印度人則進一步將腰果蘋果發揚光大，把腰果汁發酵成腰果酒，這個「咖哩王國」甚至還能把腰果蘋果炒成咖哩菜，或釀成醋、蘸醬、果醬等。總之，此「果」吃法五花八門、千奇百怪，只有你想不到的，沒有熱帶民族做不到的。

言歸正傳。腰果果托之上的腎形「堅果」才是真正含有種子的果實，這種子裡便藏著我們熟悉的腰果仁。不過，想吃到腰果仁可不是件容易的事。首先，我們要解決掉一個棘手的傢伙——包裹在種子外面的剽悍果皮。這果皮非同尋常，不是你把吃核桃、椰子那套辦法照搬就能搞定的。因為它不僅固若金湯、堅不可摧，更要命的是，那平凡無奇的外表之下，潛流著無數滴毒辣的「腰果殼油」。何謂腰果殼油？此乃一種天然的樹脂，具有高度腐蝕性，觸及皮膚將引發皮膚炎或嚴重灼傷。因此，腰果核的殼是不容小覷、不可親近的。

遙想剝殼的機械設備出現之前，人工去除這套毒殼是多麼艱辛又危險的事。當時，人們要先把「堅果」晒乾，再置於火上烘烤，直至硬殼爆裂，毒辣的腰果殼油所剩無幾，才取下來冷卻，然後戴著手套取出果仁。即使這樣，除殼工人也常常受到殘餘殼油的毒害，因此，加工好的腰果仁自然成了「貴族」。據說，南美洲多數人熱愛腰果蘋果遠勝於腰果仁，我想可能就是因為從前腰果

仁身價高高在上，當地百姓吃不起吧……

植物的偉大發明

現在我們瞭解了腰果的真實面目及祕密，新問題也接踵而至：腰果為何長成這副模樣？為何一方面育出「秀色可餐」的肉質果托，另一方面又於堅果殼中暗藏劇毒？想解答這類問題，最好先從果實的功能入手。

關於果實的功能，你能想到什麼？有位資深老饕朋友曾脫口而出：果實是用來吃的……嗯，吃只是表相，吃的過程中發生的事情，才是我們要探求的真相。有些野生動物便能夠為我們指點迷津，比如蝙蝠和多種飛鳥，牠們和巴西人一樣，酷愛腰果上甜美爽口的果托，也從祖先血的教訓中習得堅果果皮又硬又毒，是不可觸碰的；於是，聰明的小傢伙拿到果子後，就把腰果上有毒的「堅果」拔掉，只吃「漿果」部分。被丟棄的堅果當然很高興，特別是那些被動物帶離腰果母體一段距離後才扔掉的堅果，只要土壤條件合適，它們忠誠守護的種子不久便能萌芽生根、茁壯成長，在新環境中開闢屬於自己的天地。但某些擁有強悍鉤喙的鸚鵡也和我們一樣，懂得腰果的精華所在，並常常啄食其堅果部分，想必牠們的喙是強悍得百毒不侵了。

遠距離播種對腰果親本（**編按：孕育出新個體的生物**）來說十分重要，相關研究表明，密度較高的腰果林中，種子若多數落在親本周圍直接萌發，容易遭受一系列病菌的攻擊殺害，還極可能殃及整個腰果林，所以，母樹總想方設法送種子遠走高飛。理想狀況下，它只需犧牲一根特殊的果柄，就能成功瞞騙野生動物當它的播種機，帶著腰果種子到遠方旅行，而且不怕對方「吞貨」，可絕大多數時候並沒有那麼順利，往往腰果果托的犧牲是徒勞的。不管怎樣，若不同物種的利益需求相互補充，便容易從對方身上取得利益，甚至有時會依賴彼此的「幫助」，從而和諧相處，長久共存，這樣互利互助的交易及關係在自然界是相當盛行的。

綜上所述，果實的功能應該是保護和傳播種子。為了完成這項使命，腰果樹不惜調用自身資源「餵肥」花托，將其打造成顯眼的美食，引誘饞嘴的動物前來享用，並以毒殼迫使牠們扔掉果核，進而達到散布種子的目的。因此，果實的出現，的確是植物智慧的一大升級和整個植物界的巨大進步。

松子 Pine nut

舊時繁盛今朝落 · 悠悠歲月三年果

這個世界上有一類植物，已存在三億餘年了。漫長的地質歲月中，它們走過著名的侏羅紀時期，見證過恐龍家族的誕生、發展、繁盛、衰落和滅亡，也在這個過程中達到自己家族的鼎盛時期，卻沒有和恐龍一起消失在地球上。

從暖春到寒冬，從出生到死亡，它們始終以常綠糙皮示人，因為它們不具備開花結實的功能，因此常常遭到人們的忽視。或者正是因此，它們才能安靜地立於寺廟山林、鬧市雅居

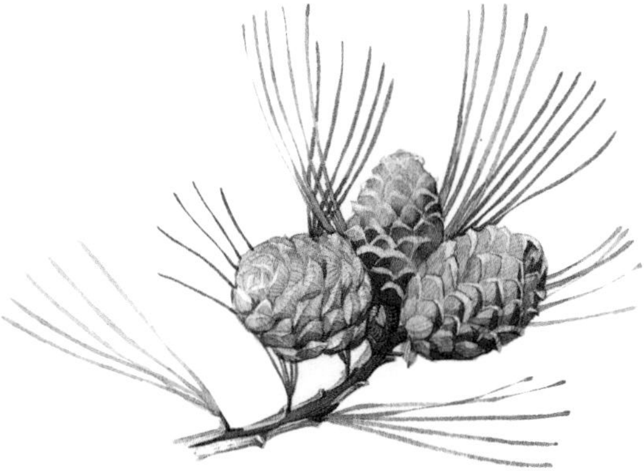

Pine nut

之中，千百年不倒不老，「青春」永駐，又隨歲月流逝愈加蒼勁厚重，備受騷人隱士的推崇。

而在植物學家的眼中，它們還因發明了一項偉大「工具」——種子而備受關注，這是植物演化史上的里程碑，是植物生存智慧向前躍進的又一重要產物。

它們到底是誰？

答案是「裸子植物」。裸子植物是一大類植物的統稱，因其「無花不結實，種子裸露生長」的突出特性而得名。或許，你只是聽說過這個古怪的植物名稱，但僅對它們一知半解。不過沒關係，你一定多少見過或碰過這個族群裡的若干位著名成員，如雪松、華山松、落葉松、柏樹、蘇鐵、紅豆杉、水杉等，還可能吃過它們的種子，如銀杏的「白果」和松樹的「松子」。沒錯，堅果界的袖珍型貴族——松子，便是裸子植物體上掉落的寶貝，確切地說，是某種松科松屬植物結出的種子。

令人憂心的活化石

現存的裸子植物包括銀杏門、松柏門、蘇鐵門和買麻藤門四個古老門類。而松科則是裸子植物松柏門下「人丁」最旺的一個家族，該家族裡，又以松屬種類最多。實際上，說多並不多，和能開花結實的二十多萬種被子植物相比，裸子植物真是少得可憐，全球總共不過九百四十七種，中國擁有最豐富的「裸子」資源，也才二百三十七種，還不如牡丹的栽培品種多。

造成裸子植物式微的原因除了人類的干擾和破壞外，最主要的還是「裸

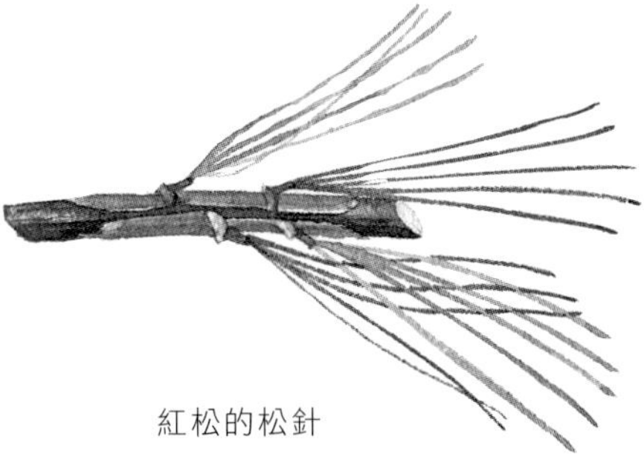

紅松的松針

子」不如「被子」高明，還未創造出真正的花和果，不能適應更多環境類型，也不容易應對隨時可能爆發的環境變化。畢竟，裸子植物真的太古老了，有許多孑遺物種還獲封「活化石」稱號，它們同樣遵循「適者生存，優勝劣汰」的演化法則，無數次自然選擇和更新換代後，存活至今的都是其中的佼佼者。

但眼前，這些輝煌一時的佼佼者在演化路上似乎停滯不前，或蝸行牛步般前進著。無論傳粉、受精、播種還是獲取營養，它們都稍顯落後，面對智高一籌的被子植物及其強勢迅猛的擴張攻勢，幾乎毫無競爭優勢可言。所以，裸子植物裡有不少物種已被列入珍稀瀕危植物名錄，這個歷史悠久的植物部落之生存現狀和發展前景，著實令人擔憂。

松子從哪兒來？

現在，讓我們用力剝開松子的堅殼，跟隨著身小卻味美的松子仁，一同前往松柏門中家業最盛的松屬世界，一探裸子植物的祕密吧。

松子，顧名思義是松樹的種子。人們平日提及的松樹，基本上來自松科植物。這個家族繁衍至今，只剩二百三十餘種，占裸子植物總量的四分之一，其中超過二五%的物種屬於松屬。中國有一百多種松科植物，遍布各地，於東北、華北、西北、西南及華南地區高山地帶，組成遼闊、壯美又獨特的森林景觀。

早在南朝時期就有人懂得享用松子了。梁元帝在〈與劉智藏書〉中提道：「松子為餐，蒲根是服。」唐代詩聖杜甫的〈秋野・之三〉寫道：「風落收松子，天寒割蜜房。」明朝李時珍也在《本草綱目・木一・松》中描述了松子：「松

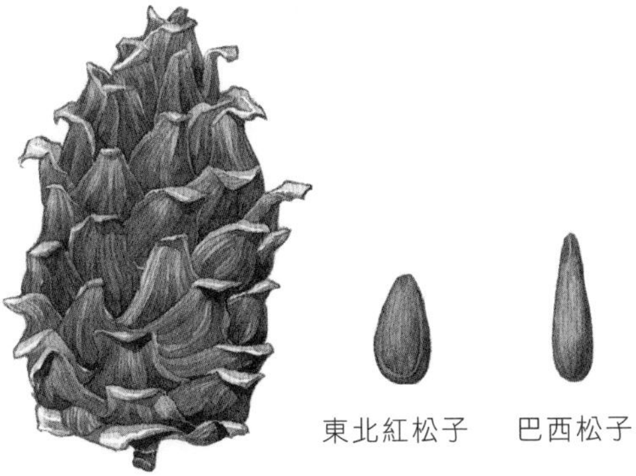

子多海東來，今關右亦有，但細小味薄也。」看來古代饕客的數量和品質絲毫不比當代遜色呀。

中國市面上出售的松子主要來自紅松，絕大多數紅松分布在東北長白山區、吉林山區及小興安嶺以南海拔一百五十至一千八百公尺的棕色森林土地帶，那裡氣候溫涼偏寒、空氣滋潤。原生態的紅松子與我們在堅果市場常見的商品形態有點不同，種皮雖然都硬邦邦的，但前者不裂口，硬殼表面覆微毛，後者經過晾晒、人工篩選、開口、炒製等工序，已成為光滑、香脆的「開口松子」了。

自然資源有限的歐洲也產一款松子，產自「義大利松」（**Pinus pinea**），其食用歷史超過六千年，當地人常把松仁添加到肉類、果蔬熟食、沙拉或麵包、蛋糕中。巴基斯坦、阿富汗等國則出產一種名曰「巴西松子」的可食堅果，但這種堅果的老家根本不在巴西，而是喜馬拉雅山區西北部和印度西北部，西藏西部札達海拔約二千七百公尺的山地亦有其蹤影，因樹皮似白皮松，因此名「西藏白皮松」。

按理說，這種松樹生產的種子應該取名為「西藏松子」，可不知為何被叫成了「巴西松子」，要知道，巴西可不曾產過這玩意兒啊。然而，南美洲有自己獨具特色的「松子」，名叫「巴拉那松子」，但它不是松屬，甚至不是松科出產的種子，而是結自南洋杉科的巴西南洋杉。此樹結的「巴拉那松子」比真正的松子要大十倍，且身姿古怪魁梧，令人讚嘆不已。不過，巴西南洋杉的生存狀況也非常嚴峻，由於人為和自然的種種因素，其野生種群的規模正急劇縮小，已被世界自然保護聯盟（IUCN）評估為「極危物種」，這意味著它的境遇比「瀕危物種」還要慘。當前，巴西已對這岌岌可危的植物種提出相關保護措施，並開展行動，圍封原生林，明令禁止任何人採收和撿拾其種子。希望我們的子子孫孫還能有幸見到古樸的巴西南洋杉。

松樹的個性標籤

和其他松樹一樣，紅松也是大喬木，樹高可達五十公尺。說起松樹留給人們最深的印象，不得不提到它們獨特的葉型——細、長、韌、尖，似乎終年濃綠，不枯不落，被特稱為「針葉」或「松針」，可謂是大部分松科植物的個性標籤之一。紅松的針葉還喜歡五條成束著生，直且粗硬，深綠色泛著光澤。這般奇異葉型，可減少水分流失、減小受寒面積，幫助松樹抵禦乾旱和寒冷，是松科植物長期應對不良環境而演變出的產物。

毬花和毬果是松樹的另一個性標籤。每年六月，紅松就進入了「盛花期」……等等，上文不是反覆強調，裸子植物不會開花結果嗎？身為其中一員的紅松又怎會有「花期」呢？原來，紅松確實無春華秋實之才，但它的枝條上會長出兩種性別不同、具有生殖功能的柱狀結構，因形狀和作用與花相似，人

們便把該結構叫作「雄毬花」和「雌毬花」。

紅松的雄毬花多個集生於新枝下部，橢圓體形，短短的，才七到十公釐長，粉嫩可愛，全身整齊密布「鱗片」，看似尋常，卻暗藏玄機，若你用手指輕輕一彈，從「鱗片」內便會立刻飄出無數黃色花粉，撲得你措手不及。雌毬花比雄毬花大一些，綠褐色，卵狀，直立，單生或數個聚生在新枝近頂端，也是渾身布滿「鱗片」，但不像雄毬花那樣「淘氣」，它的「鱗片」內壁基部貼生著兩胚珠，即種子的前身，換句話說，將來這個部位會長出我們熟悉的松子。

當然，前提必須是胚珠成功受精了。每年晚春，雌毬花上原本緊閉的幼嫩「鱗片」會隨著毬花軸的伸長而略微張開，露出還未成形的柔弱胚珠，並分泌一種黏液，企盼花粉的到來。雄毬花借助風力和好運，把自身花粉傳送到雌毬花的「鱗片」上，黏液順勢黏住和吸入花粉，運到胚珠中等待與卵細胞結合。「鱗片」隨後恢復閉合狀態，專心造「仁」。

可見，裸子植物的種子確實是裸露生長，無任何外物裹護的，而開花植物則會把種子嚴嚴實實地包藏於雌蕊和果實內，如同給種子圍上一條多功能被子，也正因如此，分類學家將這類擁有真正的花和果的植物稱為「被子植物」。

長壽的松樹，悠閒的腳步

松樹受精育種是個漫長的過程，別看它們春末進行傳粉，可是受精要到次年夏季才著手操辦，接著育胚育種，至秋季成熟。通常松樹的雌毬花誕生之初，默默無聞，不引人注意，後隨著胚珠發育成種子，所有「鱗片」均木質化成輕巧的「種鱗」，整個雌毬花也漸漸壯大、堅強，最後變成醒目、硬實的「毬果」，俗稱「松塔」。這時種鱗一改昔日警惕的封閉貌，完全向外伸展，露出裡面保護已久的灰褐色種子，種子蠢蠢欲動，隨時準備乘風飛翔。

若回頭算算從雌、雄毬花到毬果，再到種子自由脫離母體的完整過程，我們會驚訝地發現，松樹至少花了三年時間來做這樁「人生大事」。這些「活化石」彷彿長壽的烏龜，幹起活來悠閒緩慢，做出的成績卻令人讚嘆。瞧瞧備受吹捧、香脆可口的松子，不就是紅松慢工出細活的佐證嗎？

而松子的營養價值有哪些呢？松子的主要成分仍然是脂肪，大約占總重量的七〇％，其中不飽和脂肪酸占九〇％以上。此外，松子還含有一四％左右的蛋白質，以及鉀、鎂、鋅之類的微量元素，這些都是人體必需或對身體有益的養分。

頑固的紅松子

一到樹葉逐漸發黃的秋季，松科植物的分枝就冒出一顆顆精雕細琢的毬果，或直立，或懸垂，與自身依然發綠的葉叢相映成趣。這時秋遊的人會愈來愈容易注意到「青春常駐」的裸子植物，因為有些松樹的塔狀毬果實在精緻漂亮，往往引來遊客駐足觀賞或彎腰挑揀。

一般松塔成熟後，種子將鬆動、脫離，迎風飛向遠方。若你打算去撿熟透落地的毬果，記得揪出殘留的種子玩一玩。但別期待能夠收穫一頓美食，因為躺在地上的大部分松塔，裡面早已空空蕩蕩了，只有內壁上印著一對種子生活

過的痕跡。

但總有一些不幸兒仍被困於其中，我們可以摳出完整的種子。此時你會發現，松子的飛翔也是件很有意思的事。原來這些種子都貼身長著又輕又薄的翅膀，只要我們使勁往上扔，松子們便立刻旋轉起來，好像啟動的螺旋槳，從高處畫出一道曲線，緩緩飄至遠處。我們可以想像從幾十公尺高的松樹上散落的種子，能夠乘風走到多麼遠的地方安家。

不過，紅松的毬果很頑固，成熟後種鱗仍舊不張開，或稍微開口露出種子，卻不讓種子鬆脫。與上述插翅飛翔的松子不同，紅松子並未長出翅狀附屬物，無法隨風遠去。暗紫褐色的紅松子比普通松子大一些，置身於種鱗內側凹槽中，靜靜等著勤快覓食的小動物們（譬如手腳靈活、門牙銳利的小松鼠）來帶自己離開母體。

說了這麼多，相信你也能看得出來，不管落到地上還是高居枝頭，松子的採收都不是易事。松子產區便流傳著一句順口溜：「十斤松塔一斤子，十斤汗水一顆塔。」紅松子雖不易脫離種鱗，但為了保證質和量，農民總是趁著松果還穩居在十幾到幾十公尺高的冠層時，便爬樹採摘，其過程之艱辛和危險可想而知，這也足以說明每粒小松子的矜貴。

夏威夷果 Macadamia nut

取名溯源也是事 · 空手無喙咬磐石

老實說，接觸夏威夷果之後的很長一段時間裡，我都以為夏威夷果的老家是盛產陽光、海風、黑色素及比基尼美女的夏威夷。其實不是，委屈的澳大利亞政府近年來反覆向世界澄清一個事實：夏威夷果是澳大利亞土生土長的寶貝！的確，澳大利亞自產的可食用植物種類少得可憐，夏威夷果是好不容易走出家門的品種，卻被冠以「夏威夷」的地名，難怪澳大利亞人要著急了。

夏威夷果的前世今生

很久很久以前，歐洲探險者偶然撞見澳大利亞這塊神奇的大陸，在征服東部原住民族的過程中，發現此處的原住民對當地熱帶雨林裡，一種含油量很高的堅果有著特殊的喜愛。這種堅果十分美味，但難以大量採集，當地人通常在部落宴會上才吃得到。他們還榨取果油，與赭石、黏土混合均勻後，塗抹於臉和身上，繪出具有象徵意義的符號或圖案。這種原始的人體彩繪，是原住民對神靈表達敬畏、維繫身分、銘記部落夢想的一種方式。

但在那時，歐洲探險者只顧著擴張土地，還不曾認真探究過這種堅果的價值。

忙完了領土擴張「正經事」的歐洲人終於要開始探索新大陸的植物了，他們在一八二八年發現了一種澳洲植物，但直到一八五八年才正式賦予專業名稱——粗殼澳洲堅果（Macadamia ternifolia）。此時被命名的粗殼澳洲堅果並不是原住民所吃的夏威夷果，它只是夏威夷果的一個姊妹種。與夏威夷果相反，粗殼澳洲堅果心藏毒素，其種子會產生對人體有害的氰化物（能致人死亡），具苦杏仁味，肉少，生吃有毒，沒有經過商業化推廣和銷售，因此市面上基本是看不見的。不過澳大利亞原住民懂得透過長時間的浸泡、過濾來去除毒性，所以也會採食粗殼澳洲堅果。

真正發現夏威夷果的過程，是個驚險又有趣的故事。澳大利亞的布里斯班植物園收集了很多堅果，其中既有有毒的粗殼澳洲堅果，又有美味的夏威夷果，但在當時，人們尚認為這種堅果有毒，不曾動過一絲要嘗嘗的念頭。園裡有位參與過鑑定粗殼澳洲堅果的主管沃爾特・希爾（Walter Hill），為了幫助堅果發芽，便讓一位年輕的同事砸開果殼，結果領受任務的小夥子「順便」嘗了一

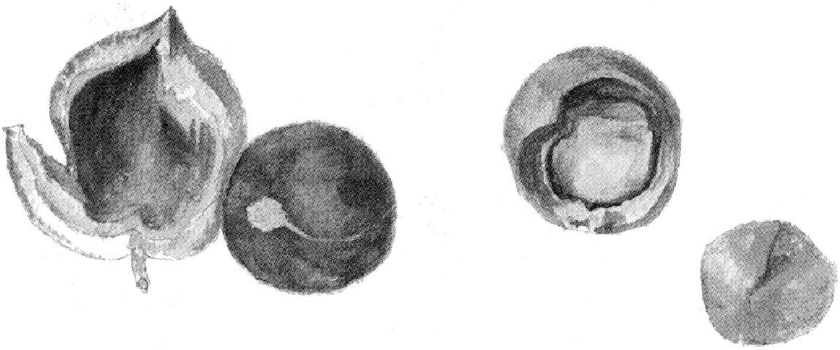

些果仁，意外發現它們竟是如此美味！

希爾聽聞，驚嚇之餘又備感疑惑，這些果子明明是有毒的啊?!而過了幾天小夥子仍舊安然無恙，而且興奮地宣告：夏威夷果是他吃過最美味的堅果！原來，希爾最初發現的是對人體有害的粗殼澳洲堅果，而他同事砸開的則是另一種可食的澳洲堅果，即夏威夷果，因為粗殼澳洲堅果與夏威夷果外形太相似了，當時的人們一直以為二者是同一種植物。這便是第一樁有關人類品嘗夏威夷果的歷史紀錄。這一年，希爾栽下了園內第一株令原住民和歐洲人都垂涎三尺的夏威夷果樹。在澳大利亞布里斯班植物園，人們至今還能見到那

株元老級的果樹仍在開花、結果。

時光荏苒，十九世紀八〇年代早期，澳洲土地上出現了第一家商業化生產澳洲堅果的果園，並蓬勃發展，還首次出口到了夏威夷。此後，澳洲堅果以其卓越的美味迅速征服這個群島上的居民，不到半個世紀的時間，便在夏威夷島上遍地開花，成為當地著名的經濟作物和重要食材。從此，澳洲堅果的「明星事業」一發不可收拾，還同時獲得一個「藝名」——夏威夷果。現在，澳大利亞和夏威夷仍然是夏威夷果的兩大主要產地。你瞧最權威的中文植物分類學工具書《中國植物志》，也把「夏威夷果」明確叫作「澳洲堅果」，只是商家和食客們取了「夏威夷果」這個頗具誤導性的中文俗名。

從嬌柔的花到堅實的果

目前真正繼承了「澳洲堅果」姓氏的，只有四個「涇渭分明」的姊妹種，主要分布在新南威爾斯州東北部和昆士蘭州中部及東南部。其中，唯有夏威夷果和四葉澳洲堅果的種子可生食，深受老饕青睞，且二者之間也容易雜交，已被廣泛栽培與加工，在雲南、廣西、廣東、臺灣等地均有種植。

澳洲堅果家的孩子們基本上是大灌木或中等喬木，葉大、革質、光滑。相比之下，花很小，卻充滿智慧。它們常常兩朵小花相互依偎，攜手成長，多對這樣的雙生花，按一定規律長在一根不分叉的花軸上，花柄大致等長，開花順序由下而上，形成一款植物界最普遍的花序類型——總狀花序。我們常見的紫藤、薺菜、油菜等諸多草木，也都具備該款花序類型。這樣有什麼好處呢？所謂「人多力量大」，花亦明白這個道理，單朵小花不起眼，缺乏存在感，但上百朵（一百至三百朵）集成花序就很醒目了，在層層綠葉襯托下，一串串淺色雅致、芬芳怡人的花序從葉腋處伸出，懸掛於樹冠迎風招展，引來無數蜂蝶為自己傳粉做媒。

此外，小花兩性，即一朵花中雌、雄蕊均具繁殖功能。當昆蟲前來探蜜，無意間為雌蕊柱頭授上同種異株的花粉後，子房開始受精、育胚，同時秀麗的小花也發生顯著變化，為果實的到來做準備工作。首先是柔嫩的花瓣、雄蕊和雌蕊的上半部陸續萎蔫、脫落；接著受精後的子房迅速「增肥」，子房的各個組成部分開始華麗地變身：子房壁變成綠色硬革質的果皮（成熟時將沿一側開裂）；子房內部受精的地方周圍，有幾層細胞變成堅硬褐色的種皮；受精卵一邊呈指數型分裂、增多，一邊分化、特化，最後形成新生命體的雛形——胚；同時受精卵附近的一種特殊細胞也迅速分裂、分化，形成貯藏營養物質的胚乳。種皮包裹胚和胚乳，構成種子，種子又被果皮包護，最終長成了今日「膾炙人口」的夏威夷果。通常我們買到手的夏威夷果是已被去除果皮，只剩咖啡色種子的商品，所以確切地說，我們吃的是「夏威夷種子」。

一句話，別看夏威夷果的花小巧文弱，一旦它們脫胎換骨、修煉得道，就成為堅不可摧、外剛內嫩的堅果了。

假如沒有神器……

眾所周知，夏威夷果的食用精華是其香滑酥脆的奶白色果仁。與其他常見

可食的種子型堅果，如杏仁、腰果、大板瓜子相比，夏威夷果種子的脂肪含量要高很多，而且多為不飽和脂肪酸，蛋白質含量則較低，是款非常健康的零食品類。

話說第一次見到夏威夷果，是五年前一位華南的朋友送來幾顆，但他忘記教我該怎麼吃。我拿起小圓果，左看看、右瞧瞧，那滑溜溜的硬殼上只有一道規則的小裂縫，湊近聞聞，還透著一股奶油香，促使我的唾液腺大量分泌口水。可這玩意兒怎麼吃啊，又小又滑又硬的，「手掰法」和「門夾、椅砸法」全部失效——美食當前，我的腦細胞立刻指揮我直接放進嘴裡使勁兒咬！

結果可想而知，咬了半天也沒能戰勝那硬如頑石的種皮，還險些把整粒小圓果吞下喉嚨。過了幾日，碰到那送果子的朋友，我立刻繪聲繪影地描述自己滑稽又失敗的「咬果」經歷，逗得他合不攏嘴，並連忙補上一個奇怪的專業小工具——橢圓形、一側中間狹波狀上凸的鐵質平面「開殼器」。把開殼器凸出的那端插進夏威夷果種皮上的裂縫，輕輕一轉，硬殼立刻裂成兩瓣，露出裡面奶香奶色的種仁，看得我都醉了。在神器的幫助下，剝除此果的硬殼就變得易如反掌了，而首次品嘗夏威夷果的我，倒沒產生多少味覺方面的深刻印象，光顧著膜拜這個專為吃夏威夷果而誕生的神器！後來我發現大多數袋裝銷售的夏威夷果和其他有著堅硬外殼的堅果，都會配備這種神奇的開殼器。對食客來說，這是多麼偉大的發明啊！

需要注意的是，夏威夷果雖然善待大腦，對狗卻有毒害作用，狗攝食後十二小時內，可能有虛弱、後肢癱軟、無力站立等症狀表現。愛狗人士可要記住，千萬別讓你心愛的狗與心愛的夏威夷果進行親密接觸啊！

造物主的寵兒

夏威夷果的種皮硬如銅牆鐵壁，自保措施可謂固若金湯，貌似地球上除了借助神器的人類之外，再無其他動物能夠侵犯得了它。那麼問題來了：自然界中，夏威夷果該如何散播種子、擴張家業呢？

大自然深諳萬物相生相剋之道，既然造出了這極品果仁，就絕不會忘了捏個「饞嘴精靈」來享用它，當然，造物主還要賜予這種動物獨門絕技，以對付夏威夷果的頑固種皮。呵，究竟是誰這麼受寵呢？原來是自帶「堅果鉗」的大型鸚鵡。例如，有一種「紫藍金剛鸚鵡」，全身披覆藍色羽毛、尾巴修長、嘴巴超大，主要生活在南美洲中部和東部，其身材高大，從頭頂到尾尖長可達一公尺，是具有飛行能力的最大鸚鵡。

一見到這傢伙的照片，我就相信牠的確是造物主派來降服夏威夷果的——瞧牠那大得嚇人的鉤喙造型，尖銳強勁、威武霸氣，別說夏威夷果的種子了，恐怕連人類牠都敢欺負。生物進化論的奠基者、英國博物學家達爾文亦曾驚嘆於紫藍金剛鸚鵡的絕世容貌與無敵大嘴，對牠能以堅果為食的本事佩服不已。

可惜，美好的事物總容易受傷。由於生態環境破壞嚴重、違法捕獵和寵物貿易活動日漸猖獗，這種鸚鵡的野外種群數量急劇減少，現在已被列入國際自然保護聯盟的瀕危物種紅色名單了。

年・節

關於年夜飯的食俗，
大江南北、關內塞外大不相同。
但春節時媽媽準備的那一大盤堅果，
恐怕是家家戶戶都共有的記憶：
葵花子、花生、榛子、西瓜子、蓮子……

葵花子 Sunflower seed

人人愛它習向陽 · 多少祕密藏花盤

漫畫家豐子愷先生曾經寫過一篇和吃有關的散文：「從前聽人說：中國人人人具有三種博士的資格：拿筷子博士、吹煤頭紙博士、吃瓜子博士……但我以為這三種技術中最進步最發達的，要算吃瓜子……發明吃瓜子的人，真是一個了不起的天才！這是一種最有效的『消閒』法，因為它：一、吃不厭；二、吃不飽；三、要剝殼……具足以上三個利於消磨時間的條件。在世間一切食品之中，想來想去，只有瓜子……」

豐先生還說：「我必須注意選

擇，選那較大、較厚，而形狀平整的瓜子……若用力不得其法，兩瓣瓜子殼和瓜仁疊在一起而折斷了，吐出來的時候我就擔憂。那瓜子已縱斷為兩半，兩半瓣的瓜仁緊緊地裝塞在兩半瓣的瓜子殼中……」根據這段描述，我猜他嗑的應該是或黑或紅、殼滑光亮、形寬平整的西瓜子，而我們通常吃的「瓜子」應是葵花子。

人見人愛的向日葵

距今五千多年前，北美洲東南部已有人栽種向日葵。許多美洲原住民

族都把形似太陽又面朝天際的向日葵當作太陽神的化身，加以膜拜。十六世紀早期，西班牙探險家和殖民者對這種高大、絢爛的美洲本土菊花一見鍾情，並把它帶到歐洲。近兩百年後，向日葵走到了俄羅斯，由它榨出的葵花子油深受當地百姓青睞。據聞，東正教教徒過齋月時，葵花子油是少數可被允許食用的油料之一。

然而，對於中華大地，向日葵卻是姍姍來遲。有關史料記載，直到明朝中晚期，中國沿海地區才出現向日葵的足跡，之後則以大規模種植的方式迅速擴居內陸地區。今天，內蒙古、吉林、遼寧、黑龍江、山西等北方省區，已是向日葵的主產地。從二〇一二年世界糧食與農業組織對向日葵生產總量的統計資料可知，烏克蘭、俄羅斯、阿根廷依次名列前三，中國則緊追其後，排名第四。

與大多數食用堅果一樣，葵花子也富含對人體有益的不飽和脂肪酸、維生素E及鉀元素。除了我們熟悉的嗑瓜子，製作甜點、麵包、蛋糕或各式菜品時撒些種仁等吃法外，這款富含脂肪的小果實還是世界四大油料作物之一，從中榨取的物美價廉的葵花子油，與普通食用油一樣，早已俘獲大廚們的心，另外還被加工成人造奶油。

瓜子情結與「嗑文化」

葵花子的美味，炎黃子孫人盡皆知，面對這一成功的休閒食品，幾乎沒有饕客能抵擋得住瓜子與生俱來的神奇魅力——不管你有無食欲、愛不愛吃，瓜子都會誘使你吃了第一顆，就想吃第二顆、第三顆……及至最後一顆。

但多數人，包括筆者自己的親身經歷都顯示，大部分外國人是不會嗑瓜子的，確切地說，他們的飲食字典裡就沒有「嗑」這門高超技法。有次和歐美學生一塊上課，課間

休息時我掏出葵花子來解饞，旁邊一位操著道地英式英語的小夥子見了很好奇，問這是不是向日葵果實，我邊點頭，邊抓了一把給他嘗嘗。

接著悲劇發生了——他不知要怎麼對付葵花子的硬殼，先是驚訝地看我不費吹灰之力把果殼嗑掉，吃進種仁，再自己拿起一粒瓜子學我的模樣，結果未到嘴邊，葵花子就從手上滑落了。他不甘心，繼續嘗試，起初不是用力過度咬碎了，就是咬偏位置殼塌了，要麼是瓜子在他齒間打滑溜進了嘴裡，總之，一番折騰後，那位滿頭金髮的小夥子終於成功嗑開了葵花子殼（其實是先嗑道裂縫，再用手掰開），可惜，他一時興奮，手一抖，美味的種仁連聲招呼都沒打就落地了……

後來藉著嗑瓜子閒聊中，我才知道歐洲國家賣的葵花子根本用不著他們自己動嘴去殼，因為他們買到的多是袋裝封存「赤裸裸」的無殼種仁！早聽說歐美人的飲食模式很懶，但沒想到懶到這種地步……我驚訝之餘，也覺得遺憾。那些不懂「嗑」瓜子的民族，是無法體會華夏民族的瓜子情結與「嗑文化」的。

《紅樓夢》第八回裡有句描寫：「黛玉和寶玉在梨香院作客，黛玉嗑著瓜子兒，只管抿著嘴笑。」一嗑一抿一笑，立刻勾勒出一個中國古典女子的柔媚形象。豐子愷先生亦在〈吃瓜子〉中寫道：「女人們、小姐們的咬瓜子，態度尤加來得美妙：她們用蘭花似的手指摘住瓜子的圓端，把瓜子垂直地塞在門牙中間，而用門牙往咬它的尖端。『的，的』兩響，兩瓣殼的尖頭便向左右綻裂。然後那手靈敏地轉個方向，同時頭也幫著了微微地一側，使瓜子水平地放在門牙口，用上下兩門牙把兩瓣殼分別撥開，咬住了瓜子肉的尖端而抽它出來吃。這吃法不但『的，的』的聲音清脆可聽，那手和頭的轉側的姿勢窈窕得很，有些兒嫵媚動人。連丟去的瓜子殼樣子也模樣姣好，有如朵朵蘭花。由此看來，咬瓜子是中國少爺們的專長，而尤其是中國小姐、太太們的拿手戲。」

可見，若把瓜子嗑得爐火純青，也能成為一項行為藝術。如今，中國食客已熱情地將葵花子連殼帶「嗑」地輸送到食品衛生標準非常高的歐洲和北美了。據說，美國不少棒球選手已放棄咀嚼菸草，而選擇吃瓜子。可我懷疑，他們或許是把葵花子當成菸草來「咀嚼」的……

是果實還是種子？

葵花子與西瓜子有何不同呢？相信見過它倆的人都會說，區別可大哩！單是外貌就相差甚遠，葵花子一般頭尖，屁股肥，體態較厚實，兩瓣殼中部有細肋，稍向外鼓，表面微糙無光澤，黑白條紋或土黃色。再從植物學角度講，葵花子和西瓜子更是風馬牛不相及，前者是果實，為菊科向日葵屬一員；後者是種子，脫胎於葫蘆科的瓠果。

這樣說來，葵花子更確切的稱呼應該是「葵花實」了。顧名思義，結出葵花子的當然是葵花了，它有個更廣為人知、更正式的中文名叫「向日葵」，因其苗期幼株頂端和幼嫩花盤會隨太陽移動而明顯轉動，而得此雅稱。這是種一年生高大草本植物，莖幹直立、粗壯、被白色粗硬毛。葉片闊大，兩面有短糙毛，葉柄長。莖幹上端頂著一個圓餅狀的大花盤，直徑約十到三十公分，常因花太重而下傾。

若你有機會見到剛採摘不久、未被處理加工的向日葵「花盤」，就能發現最受饕客們追捧的葵花子，是一粒粒「插」在大花盤裡的。現吃這種「生」瓜子，是件好玩的事：一手抓著花柄、托住花盤，一手揪起新鮮的葵花子遞進嘴裡，果殼質感稍軟，味道微甜，雖沒有加工過的炒香味，卻獨具天然清香，還有機會發揮想像，在花盤上吃出三條弧線，構成一張「笑臉」……

向日葵向陽的美麗祕密

向日葵能成為聞名天下的大型菊花，要感激梵谷——他畫筆下的《向日葵》充滿生命張力，亦因向日葵「追日轉頭」的習性，讓人們聯想多多。民間一直盛傳向日葵「迷戀」陽光，一生追隨太陽的方向轉動花盤，人們還為它編造了五花八門或淒美、或浪漫、或血腥的神話故事，來歌頌向日葵的執著和勇敢。

實際上，只有未成熟的花蕾在層層綠葉（實為苞片）的保護下，才會在白天表現出「向陽行為」，成熟時綻放的大花頭，從早到晚只會維持一個固定的仰望姿勢，通常是面朝東方，而不管太陽走去哪兒。

目前，對此比較可靠的解釋是，向日葵從花芽到花苞盛開的前期，花蕾及附近枝葉會跟著太陽東升西落的移動而做出「滯後性」擺動，並非緊隨著太陽的移動調整方位，這種向陽行為是由一類叫「生長素」的植物激素所引起。

生長素可促進植物細胞分裂、生長、伸長，其濃度與植物體的局部運動有顯著關係，在一定範圍內，生長素濃度愈高，細胞生長愈快，所以植物體內生長素的分布不均，會影響不同部位組織的生長速度，進而出現局部運動，如向日葵「轉頭」。

花芽花蕾期的花柄還在長身體，在單向光照刺激下，其向陽一側細胞組織的生長素有所分解、濃度下降，而背陽一側有所合成、濃度增加，並且生長素能從向光側跑向背光側，導致幼柄的背陽面比向陽面長得快且長，使得背陽面「壓」彎了向陽面，便會出現花柄舉著花蕾斜向太陽的現象。這有助於苞片和綠葉吸收光能進行光合作用，為嗷嗷待哺的花蕾及時提供充足養分。

太陽下山後，向日葵苗還緩緩側身朝向西方的落日，待夜幕籠罩大地，光

照對植物體內生長素分布的影響消失殆盡，另一個始終存在的作用因子隨之升級為主角，那就是重力。慢慢地，花柄背地一側組織的生長素會被重力拉到向地一側，致使幼柄「向地面」細胞生長速度加快，「背地面」則放緩生長腳步，結果幼柄朝背地一側逐漸挺立，並長高一些。

次日黎明，花柄回應晨曦的召喚，又逐漸向東傾斜迎接朝陽，托舉花蕾開啟了新一輪的「追日」行動。隨著花苞漸次開放，花柄和花盤趨於成熟，花柄裡的生長素便愈來愈少，身子骨卻愈來愈強壯，以至於花柄無法像昔日那樣來回擺動追求光源了，而最終站成一個眺望東方的固定花姿。

「年幼純真」的向日葵，就這樣在陽光的指引下，在莖幹不同側面交替生長的過程中，一步步茁壯成長，直至開花結實。所以，撐開苞葉、綻放笑臉的花盤，是不能明顯「轉頭」追隨太陽腳步的。在陰雲密布的天氣裡，可能會看見向日葵「垂頭喪氣」地耷拉著花盤，很容易讓人以為是沒陽光了，它才低下頭。我想，很可能僅僅是因為這一株葵花頭太重了，就算太陽出來了，恐怕它也抬不起頭來……

霧裡看花被花欺

由古老的神話故事可推斷，自從人們認識向日葵，就一直誤解它「追日轉頭」是終生習性，當然也有人提出質疑。一五七九年，英國一位著名的植物學家約翰・傑勒德（John Gerard）便跳出來說，他並未從自家草藥園裡種的向日葵身上，觀察到人們所傳言追隨太陽轉動花盤的現象，儘管他一直盡力尋查，希望看到「真相」。

我們常常霧裡看花、水中望月，不留心觀察，就容易聽信小道消息。但縱使撥開迷霧近看花，也未必認得清向日葵。事實上，菊科家族的花姑娘們已經成功騙過不少人，例如我們最常見的野草蒲公英，那圓形規整的小黃花，總讓人以為是「一朵花」，真的嗎？答案自然是否定的。包括向日葵、蒲公英在內的所有菊科植物之花，看似「一朵」，其實是由無數朵小花，聚集長在一根花梗頂端形成的花序，名曰「頭狀花序」。這種花序在植物界相當有名氣，因為擁有頭狀花序的菊科家族特別龐大，至今學界都沒能確切統計這個家族到底有

多少種。它們遍布全球各地，適應和繁衍能力極強，幾乎隨處可見蹤影。

然而，這個數量上無與倫比的大家族在「花花世界」中卻比較年輕，已知的化石證據表明，菊花和現代許多哺乳類動物的始祖，差不多在同一地質時期出現，如此短暫的發展歷史，竟取得輝煌的「種數」成績，很大程度上要歸功於其精妙獨特的頭狀花序及果實。

葵花子的旅行

葵花子並不是種子，而是一款叫「瘦果」的果實。瘦果的特點是：型小，果皮堅硬不開裂，內含一枚種子，成熟時果皮與種皮極易分離，所以我們能夠輕鬆地嗑掉「葵花實」硬而不堅的外殼，吃到裡面名實相副的葵花子。

與頭頂一束柔軟潔白之毛的蒲公英瘦果不同，向日葵果子上沒有類似降落傘的裝備幫助它藉風飄揚，到遠方扎根。那它該如何傳播穩穩插在花盤上的瘦果呢？別擔心，鳥、齧齒動物、風、水與人，都是葵花子的運輸使者。在野外，許多鳥兒（如美國金翅）很喜歡也有能耐啄食向日葵的瘦果，你想，正常生長的向日葵一般比成人還高，又喜歡開闊、陽光充足的環境，果子還長得瘦小、密集，大自然裡除了飛得高且具尖喙的鳥兒，還有幾種動物能輕鬆享受可口的葵花子？所以飛鳥在攫啄或攜帶果實之時，順便幫向日葵散播種子了。

當然，長有兩對門牙的可愛齧齒類動物，如松鼠、老鼠等，也懂得啃齧小小的葵花子，重要的是牠們有儲藏食物的好習慣，常把葵花子運到遠離母株的地洞裡存放著，這對向日葵來說，是多棒的天然播種機啊。

若無野生動物幫忙，風路和水路也是不錯的選擇。成熟的葵花子掉落地面，或被風送至遠方，或被揚起的塵土覆蓋，或被雨水沖走，或直接插進泥濘的土壤裡就地生根。反正，數不勝數的向日葵果實中，總有一些幸運兒能夠順利到達可以安身立命的場所，然後生根發芽、開枝散葉。

花生 Peanut

花落藏子遍地開 · 低調處世是奇才

我至今仍記得小學語文課本上的一篇文章〈落花生〉，作者為近代文學家許地山先生。原文中有一段大致如下——父親說：「花生的好處很多，有一樣最可貴：它的果實埋在地裡，不像桃子、石榴、蘋果那樣，把鮮紅嫩綠的果實高高地掛在枝頭上，使人一見就生愛慕之心。你們看它矮矮地長在地上，等到成熟了，也不能立刻分辨出來它有沒有果實，必須挖起來才知道……所以你們要像花生一樣，它雖然不好看，可是很有用。」如此

Peanut

簡潔通俗的語言，卻傳遞了精闢的思想與情感，同時也道出了花生的「自然本性」。

花生來自多產的「豆家族」

許地山先生題名「落花生」，文中講的是「花生」，實際上都指同一物，即老少皆知、男女愛吃的一種豆科植物。豆科是個國際性超級大家族，足跡遍布全球各地。此科盛產食用植物，如大豆、蠶豆、豌豆、綠豆、四季豆、扁豆等；盛產藥用植物，如決明子、甘草、黃芪、苦參等；更盛產

園林綠化植物，如國槐、刺槐、含羞草、合歡草、紫藤等，是人類食品中澱粉和蛋白質的重要來源之一。

「豆家族」成員眾多，數量僅次於菊花和蘭花而位列「花花世界」第三，加上其形態變化多端、生境千差萬別，分類學家對豆科植物一直是愛恨交織、欲罷不能。儘管「豆家族」子孫多姿多彩、千態萬狀，卻共同繼承了祖先的一個獨特性狀——莢果。何謂莢果？只要觀察一下我們熟悉的花生就知道了。

花生，不管你見到的是「熟」還是「生」，是鮮果還是加工成品，只要硬殼還在，「花生豆」便可充當典範，展示莢果的基本面目：一個完整的花生，通常為長橢圓形，表面有凹凸不平的網脈，成熟時不裂，但我們吃的時候，只要對著脆而不堅的花生殼兩側接縫輕輕一按，即刻裂開，露出裡面一列果仁。像這樣果熟時果腔內生著一列種子，果皮乾燥、不裂或自行沿著兩側接縫同時開裂的果實，就叫作莢果。

沉默是金，低調是才

誠如許地山先生所言，花生天性十分低調，還未出生就被母株埋進地裡默默生長，直至成熟才破土露臉，長成新株。不僅堅果界，在整個植物界，花生這一癖好也夠異常的了。稍微想想，便覺得不對勁——花生為何這麼做？我們知道，果實最重要的功能是保護和傳播種子，但花生殼這麼「脆弱」，一捏就碎，種皮又形同虛設，好像種子生來就等著被吃似的，而且果皮和種皮均無特異功能或花俏造型，又藏身土中，絲毫不受矚目，花生該怎麼傳播種子？

採收過花生的人都知道，拔花生秧是個力氣活，也是充滿驚喜與成就感的趣味活，因為花生果實隱居地下，我們不知道某一株花生結子情況如何，是多是少、是肥是瘦，成熟季拔起的每一株花生，總能帶給人因未知而伴隨的快樂。起初見到花生田的地上部分——鮮翠欲滴、柔軟搖曳的葉叢，還以為花生好欺負，我們只需使出捏花生殼的力氣便能揪出「地下寶貝」。豈知，花生弱不禁風的外表下，竟掖著一顆頑強不屈的小心臟，非得逼我們使出吃奶的勁，才請得動灰頭土臉的豆豆們。

花生是蔓性植物，具有柔長強韌的匍匐莖，喜歡沿著地面四處走動，莖上有許多節，節處能生根、發芽，長成新株，也能開花結實，於是花生主莖走到哪兒，它的克隆體和莢果就長到哪兒。換句話說，花生主莖一邊遊蕩，一邊自我複製軀體，一邊生育後代。所以，我們抓住的是一、兩株花生秧，拔起來的卻是若干倍數量的克隆植株群，每個母株克隆體都扎根大地，每處莖節都掛著不願見天日的小莢果，所以一株小小的花生秧，「領地」卻很大，想把它們連根拔起也自然要費上很大力氣了。

花生是一年生植物，即壽命最長不過一歲。結實後，母株會衰老死亡，可它隨處蔓延的主莖早已把種子成功送到遠離母株的地方生長了。為了方便種子

萌發，及時破殼成長，果皮自然不能過硬、過厚。

土壤是陸生植物種子成長的溫床，花生早在下一代雛體成型前，就將果實送至這溫床中享受土壤的滋養和庇護了。當然，會有土壤動物與微生物前來搗亂、破壞，但對年年豐產的花生家族來說，這點兒損失算不了什麼。因此，花生根本不必多費心機去裝飾果殼或種皮，以引誘動物幫忙播種。這便是花生的播種技巧——自己當子代的播種機，還利用土壤當種子的保姆與保鏢，省時省力省資本。

不單如此，花生還將「自力更生」的精神貫徹得淋漓盡致——花朵也是能自己給自己傳粉的！仔細觀察花生的小黃花，你會發現有三枚花瓣精巧而緊密地包住雌、雄蕊，絲毫不給外界窺探的機會。它們閉花授粉、埋頭播種、自產自銷、自娛自樂，將低調與踏實之風格發揮到極致，年復一年、悄無聲息地擴占地盤、繁衍種族。既然無「嘩眾取寵」的需要，花生便不會在「體面」上多費一分工夫，而是把大部分資源投資到「有用的地方」，如胚的構建和產量。此等高明的生存智慧，教人不得不對花生的智商豎起大拇指。

此外，花生的獨門絕技「地下結實」，也是堅果界的一大傳奇。花生之花自助授粉、受精後，合攏起來的花瓣裡便開始醞釀驚天動地的變身計畫：先是花瓣萎蔫、雌蕊下半身逐漸延長，再下彎成強勁有力的柄，硬把尚未膨大的子房插入土中，同時從身體各處調動養分輸送到子房育胚，並把大部分營養物質存進胚的子葉中，以供後續胚體發育之用，最後子房變成莢果，莢果裡便藏著我們喜愛的花生仁啦。

閃閃發光的「金子」

花生喜歡氣候溫暖、雨量適中的地方，偏愛沙質土壤，現今廣泛分布世界各地。自二〇〇六年起，中國一直占據全球花生產量的榜首，二〇一三年更是達到全球花生總產量的四二・六％，遠遠超過第二名（占總產量一四・二％的印度）和第三名（占七・五％的奈及利亞）。

中國雖然盛產花生，但不是花生的原產地。這一點曾經引起多位中外植物

學家及考古學家的熱烈爭論，一些充滿愛國熱情的中國學者想方設法，試圖找到化石來證明「花生的原產地是中國」！可惜各種證據表明，花生真不是中華大地原創的物種，而是南美洲的來客。這結論是驚天地、泣鬼神的，因為探討過程相當激烈，各派專家對簿公堂，拚命搜尋證據，只為說明花生的老家在哪裡，頻繁互動間也積攢了學術武林的幾多「愛恨情仇」，由此形成一段關於花生何去何從的長篇故事。故事精編版是這樣的：

一九五八年，考古學家在浙江原始社會遺址中，首次挖掘得到兩粒完全炭化的「花生種子」，距今約四千七百年。兩年後，江西原始社會遺址也出土了四粒完全炭化的「花生種子」，距今約三千八百年。之後，廣西、陝西等地陸續發現更多花生化石，直接把花生的生日推到十萬年前。

因此這堆零散分布、殘缺不堪的化石證據，一下子把花生祖籍從原本舉世公認的南美洲搬到了中國，引起國內外專業人士的高度關注，尤其是中國學者，興奮之情溢於言表，同時又難以置信。因為當時大多數人認為中國最早記錄花生的文獻為明代《常熟縣志》或《仙居縣志》，距今不過四、五百年，一些專家便公開質疑：為何此前漫漫幾千年的歷史中，竟然沒有其他涉及花生的記載？花生的食用價值不言而喻，這麼重要的經濟作物，竟不與五穀雜糧同期載入史冊，著實令人百思不得其解。

於是，專家們「八仙過海，各顯神通」，開始聯手琢磨化石的可靠性和古籍裡一切與花生相關的紀錄。結果得出兩個重大發現：

（一）除了江西早已炭化的植物籽粒化石外，其他遺跡出土的所謂「花生種子」均存在重大疑問，特別是廣西「化石」，鬧了個烏龍事件，作者發表後不久就自己推翻了結論，說是苦心鑽研許久的「花生化石」其實是陶製工藝品；（二）從古書上搜出來的一籮筐花生之古代稱呼，如千歲子、香芋、清脆等，真真假假，古書記載的許多性狀描述與今日的花生模樣亦有出入。換句話講，「中國原產地」說法還未被進一步證實，中國人就又陷入新一輪是非漩渦當中了——花生什麼時候進入中國的？好了，讓我們跳過中間幾十年的恩怨糾紛，直接來到當代尋求答案吧。

二〇一四年四月，國際學術權威宣布已成功測得花生的全部遺傳信息，換

個稍顯過時又玄虛的詞彙來說，就是花生的所有基因密碼都被人類破解了。然後權威發現原來花生是個雜交種，體內一半基因來自一種熱帶常見的栽培植物蔓花生，另一半來自落花生屬一個默默無名的成員。由於這兩位祖先種都誕生在南美洲的玻利維亞和巴拉圭等地，其交配來的「後代」花生自然也是南美洲的種了。

南美洲的花生栽培歷史長達五千餘年，當地人不僅食用花生，還把花生的形象刻畫於陶器上，這表明花生在產地文化生活中占有重要地位。之後漫長的歲月間，花生慢悠悠地走到墨西哥，在哥倫布發現新大陸之前，花生都未曾走出美洲見見世面。真可惜了這位「仁才」，渾身是寶，卻長久不為外界所知。不過，花生的光芒終於照到前來探險的西班牙人身上。當一款閃閃發光的天然寶物遇見一幫頂著生意腦袋的歐洲人時，大自然便再也無法阻擋這個物種在全球遍地開花的迅猛腳步了。花生先跟著西班牙人回國，然後到非洲開拓家業，再輾轉到亞洲發展，直至明代初期，才經東南亞進入中華大地，並與這裡的人文地理情投意合，從此一發不可收拾。可見，炎黃子孫邂逅花生，真的是很久以後了。

花生多才多藝，其植株可以肥田，果殼可加工成飼料和人工木板，種子富含不飽和脂肪酸和維生素E，用其榨出的油名揚天下，還可製成花生醬、生食或烹飪，無論達官貴族還是平民百姓，人見人愛。

值得注意的是，存放太久的花生容易長出黃麴黴菌，該真菌製造的黃麴毒素會誘發癌症，因此最好不要食用存放過久的花生。

榛子 Hazelnut

百變堅果中西味 · 跨洋結合成寶貝

有些堅果生而高貴，比如松子和腰果，本來就不高的產量，加上誘人的香脆口感，簡直就是餐桌上的天生尤物；有些堅果則樸實無華，比如花生和核桃，完全可以大把大把地塞進嘴裡，不必太為錢包操心；而有的堅果則神神祕祕，你永遠不知道下一次碰到它們是什麼時候，即便碰到了，那四不像的樣子，又讓人不能立辨真身——榛子就是這樣一種特別的堅果。

很多人第一次知道榛子，恐怕是在巧克力或者蛋糕裡面，近年來興起

的「榛仁旋風」讓我們熟悉了這種堅果，但是恐怕碰上真正的榛子樹卻未必能立刻認出。

榛子乍看起來像栗子，細看又如橡子，真正咬下去才發現原來是榛子，因為它們的厚殼就像松子，等真正把果仁嚼在嘴裡，又有種杏仁的感覺。這就是榛子，把「百變堅果」的名號封給它，真不為過。

而且，不同的榛子品種模樣也有很大差別，體型有大有小，果殼有厚有薄。這是怎麼回事兒呢？哪種榛子的口味會更好一些呢？

平榛的葉子

毛榛的葉子

生於荒野的中國榛子

雖然榛子的果子與栗子、橡子非常相像，但它們完全不是一家子。栗子和橡子都是殼斗科的成員，而榛子則是樺木科榛屬的成員。

整個榛屬家族並不大，全世界不過十六個種，據《中國植物志》記載，在中國分布的只有七個種加上二個變種。雖然榛屬植物種類不多，但是分布區域卻是極廣的，在整個北半球的寒帶、溫帶、亞熱帶區域都有它們的身影，只不過它們的長相太過平淡無奇，容易讓人忽略它們的華麗表演而已。

在中國科學院北京植物園殼斗植物區西側，長著兩叢不起眼的灌木，因為它們的長相實在太普通了，匆匆而過的遊客很少會注意到它們的存在。其中一叢植物葉如手掌，上下都是毛茸茸的；而另一叢植物的葉子則有些特別，就像被快刀一下切去了前端一樣，這兩叢植物就是榛子。不過，它們並不是同一個種，毛茸茸的叫毛榛，而葉子「被切」的則叫平榛，這兩種植物的果實就是我們熟悉的本土榛子，也是中國最早被食用的榛子。

我們祖先食用榛子的歷史非常悠久，在距今六千年前時，陝西半坡地區的人們就已經在收集榛子了，考古人員在當地的遺址中發現了榛子和榛子殼——從那時起，榛子就出現在華夏人民的餐桌上了。

把時間推後三千年，我們就能在古籍中發現有關榛子的記載。《詩經》中多處寫到了榛子，〈邶風〉中有「山有榛」的記述，〈鄘風〉中有「樹之榛栗」的記載，而〈曹風〉中更是描寫了榛子的產地：「上申之山之榛，楛，潘侯之山，其下多榛，楛。」後來，宋朝的《開寶本草》中細述了榛子的滋味：「榛子味甘……生遼東山谷，樹高丈許，子如小栗，軍行食之當糧。」榛子可以當軍隊口糧，可見這種小果子分布極廣，並且被廣泛利用。

此外，很多記載也表明，人們很早以前就開始嘗試栽培榛子。在魏晉的《齊民要術》和《群芳譜》中，都有關於栽培榛子的記載。清代，人們甚至在遼東開闢了「御榛園」，專門為皇室提供高品質的榛子。然而，榛子卻一直都是小眾堅果。

從二十世紀五、六〇年代起，中國對野生榛子資源有了一定程度的規模利用，但是由於大多數榛子都被送出國換取寶貴的外匯，加上中國本土產的平榛和毛榛果實都比較小，殼也比較厚，所以並不討人喜歡。我與本土榛子的幾次接觸，都不是很愉快，這東西就像多了練牙功能的杏仁，而且在開殼之後，經常會遇到空殼的情況，那種已經費了牙還沒有收穫的感覺，實在太糟糕了。

沒辦法，這是平榛和毛榛的自身屬性決定的。果小、殼厚、產量低是這些本土榛子的通病。即便具有耐寒、好養活的優點，甚至可以在廣袤的東北山地中生活，但無法產出像樣的果子也是白費力氣啊。

所以，這就成了制約本土榛子出名的極大障礙。雖說和腰果、核桃、巴旦木合稱世界四大堅果，但是榛子在中國絕對是默默無聞的角色。

歐洲榛子來襲

榛子之所以出名，還是仰仗西式甜品的風雲突起，榛子巧克力、榛子蛋糕轟然而至，才讓榛子開始進入人們的視野。不過，這些榛子產品中，用的可不是中國本土原生的平榛和毛榛，而大多是歐洲榛子。

歐洲榛子植株高大，高約五至十公尺，可以長成大樹。與平榛相比，歐洲榛子最明顯的優勢還是表現在果子上。

歐洲榛子的特點是皮薄、個兒大、仁兒滿，果皮只有〇・七至一・三公釐，即便是牙齒不太好的人也能對付得了，而平榛動輒二至三公釐的外殼，實在是太難為食客了。同時，歐洲榛子的果仁品質也比較高，並且很少會有空心的果實。從這些層面上來看，簡直是秒殺中國的本土榛子。蘇格蘭的一個小島上曾發現大量埋藏的榛子殼，這些果殼的年齡已經有九千多歲，看來歐洲人在很久之前就開始食用這種堅果了。

歐洲榛子的重要性不僅在於有著悠久的食用歷史，它們對世界文化的影響

中國榛子

歐洲榛子

之深，更是令人驚嘆。比如，榛子被認為可以幫人躲避雷電，甚至是驅避鬼怪；榛木做成的魔杖被人們用來探寶、尋找金礦和水源。如此神聖的用途，當然不是普通的物件所能承載。榛子樹枝雖然沒有傳說中那麼神奇，但是作為一種堅韌的木材而被當成行路人的手杖，或者鋪在泥濘的地方供行人車輛通過，也是物盡其用了。有些榛子樹被砍掉主幹後，還會萌發出更多的分枝，因此當綠籬也是非常合適的。另外，歐洲榛的木材也可以用作建築和家具製造。

不過歐洲榛子也有它的缺點，中國本土平榛仁特有的甜味是歐洲榛子所不具備的品質。更要命的是，歐洲榛子不耐低溫，在平榛覺得舒適的地方，完全沒有歐洲榛落腳之處。歐洲榛通常喜歡溼潤溫暖的冬季和乾燥的夏季，所以在中國很難扎根，遙遠的地中海地區才是它們理想的家園。出於以上種種原因，之前很多引進歐洲榛子的行動最後都失敗了。

不過，好吃的榛子並沒有與我們絕緣。從二十世紀七〇年代起，遼寧省經濟林研究所的梁維堅等研究人員，就開始嘗試將歐洲榛和平榛進行雜交，將二者的優點相結合。經過二十多年的辛勤培育，終於獲得了豐碩成果。平歐雜交榛子不僅能適應中國大多數地區的氣候條件，結出的果子個頭與歐洲榛子也相差無幾，並且從口味上來說，甚至比歐洲榛子還要好。二十世紀九〇年代開始，平歐雜交榛子開始在中國東北、西北、華北等廣大地區推廣開來，已經成為不輸於歐洲榛子的一個重要榛子生產種類。

脆香榛子的油耗味

東方人和西方人對堅果的喜好有各自的偏愛，東方人好甜，西方人好脆。這可能和東西方傳統飲食文化相關。東方以農耕為主，獲得的主要糧食是碳水化合物，其實就是廣義上的糖，而甜味恰恰是這種糧食典型的味道。而西方人更依賴於各種動物性食物，油脂所占的成分更高，於是那些高脂肪的堅果更受西方人的青睞。可能有人會問，那和脆不脆有什麼關係呢？

說到這裡，有必要解釋清楚一件事情。堅果脆的口感往往就來自於其中的高脂肪，我們不妨回憶一下，不管是夏威夷果、香脆腰果還是普通的花生米，無不充滿了脂肪。特別要提及的是夏威夷果，這種東西的油脂含量可以達到七○%以上，剝好的種仁甚至可以漂浮在水上。不過，話說回來，喜歡脂肪是人類的天性，因為在漫長的演化歷程中，尋找食物一直都是人類主要的活動。脂肪作為一種能量密度極高的好食物，自然不會被放過。放過這些食物的個體就相當於放棄生存下去的機會，自然也不會留下什麼後代了。從演化的角度來說，喜歡高脂肪的脆堅果是有充分理由的。當然，讀者們如果有減肥需求，那還是不要選擇榛子、夏威夷果這類高脂肪的堅果了。

我們在吃榛子時會感受到別樣的美味，這是為什麼呢？奧祕就在榛子特有的風味物質——庚烯酮（榛子酮）裡。榛子不經烤製就有香脆口感，但是經過烤製，其中庚烯酮的含量就會上升六百至八百倍。如此看來，烤製是增加堅果香氣物質的一個訣竅呢。其實，這在芝麻身上也表現得極為突出，生芝麻的味道比較清淡，一旦經過烤製，其中有一種叫「吡嗪」的化合物就會大大增加，於是就有了芝麻特殊的香味（芝麻油味）。

可是我們買回的榛子，經常會碰見有油耗味的。那確實是種說不出的怪異

味道，想吐又不捨得，但是不吐又有難以言喻的不痛快，恐怕很多朋友都曾碰到這樣的尷尬。其實很多堅果都有這樣的問題，比如夏威夷果、花生、腰果就有這樣的壞脾氣，然而這正是它們油脂含量豐富的證據。高油脂帶給我們香脆口感的同時，也會不可避免地帶來一些小麻煩，那就是經過一段時間的溼熱儲藏（尤其是在夏天）之後，油脂會變質，一部分脂肪酸分解變成一些小分子的醛、酮、酸和醇，這些物質就是油耗味的罪魁禍首了。因此，為了避免油耗味，最好把堅果存放在低溫乾燥的條件下。當然，對於食客們來說，盡快解決掉它們就是最好的預防措施了。

榛子家族的大樹

雖說榛子家族大多數都是低矮的灌木，但也不乏高大威猛的成員，華榛就是這麼一位。華榛原產於中國，果實呈現淡黃色或金黃色，和銀杏種子的模樣頗為相似，所以也有「山白果」之稱。但要注意的是，我們吃的榛子是植物的果實，外殼就是果皮；而銀杏（白果）則是植物的種子，外殼是中種皮。當然，榛子因為有厚厚的鎧甲保護，也不需要像銀杏那樣儲存氰化物等毒藥了。相對來說，在野外靠吃榛子求生，比吃白果要可靠。

華榛有高大挺拔的外貌，所以除了提供榛子外，還可以提供高品質的木材。華榛的木材細膩堅硬，並且個頭可達三十公尺，這樣好的木材是不可多得的，用來蓋房子、做農具都是非常好的選擇。可惜華榛天生嬌柔，必須生活在冬不冷、夏不熱的地方，並且要求空氣中的溼度要達到七〇％至八〇％，這都要趕上「桑拿天」（**編按：比喻如三伏天般潮溼悶熱的天氣**）的溼度了。所以，它們只生活在中國西部的一些山區中，目前已經成為中國國家重點保護樹種之一。這也算是榛子家族中的另類明星了吧。

西瓜子 Watermelon seed

中華獨創嗑子法 · 瘦花轉身變巨瓜

西瓜一直是我的心頭好（作為典型的華南人，直到出生二十多年後，我才有緣邂逅生活在國土另一邊的籽瓜），南方一年三季烈日當頭，熱氣沖天，我在家時，每天吃完晚飯總要出去買個西瓜回來冷藏，到了晚上黃金八點檔電視劇時，便從冰箱裡抱出一半冰鎮西瓜置於涼快的瓷磚地上，一家人湊過來圍坐，面前鋪著一塊抹布（以防西瓜汁滴在地上），再拿起小湯勺，挖開一塊塊鮮紅欲滴的漿肉，插上牙籤，分給各位「食客」，然後

一家人兩眼盯著電視劇放光，一邊大快朵頤人間美味。

有次到蘭州出差，正值炎夏，熱浪滾滾，我二話不說就到路邊水果攤想買個「西瓜」。那個攤上賣的「西瓜」品相真不養眼，個頭小、表面光滑、皮色淺綠還泛著黃，貌似沒熟的樣子。但我口乾舌燥，顧不了那麼多，便讓賣家挑個好的當場剖開。結果一看內裡傻了眼——瓜肉黃白不說，還密集著粒大飽滿、烏黑發亮的瓜子，與黃白色果瓤交相輝映。

「哎喲，老闆，你這西瓜擺明不熟嘛！居然還拿出來賣！」「姑娘，這是籽瓜，不是西瓜，很好吃哩，和西瓜一樣解渴。」水果攤老闆用刀熟練地削下一小塊果肉，硬塞給我嘗嘗。我將信將疑，咬了一口，內心不由得蹦出一句話：瓜不可貌相！顛覆了我對西瓜傳統印象的籽瓜，肉軟汁多、清涼微甜，讓我冒煙的喉嚨一下子就像久旱逢甘霖的土地一樣，被滋潤得好舒服，只是吐子吐得讓人很不爽快，品嘗感受稍遜西瓜。按照商界適者生存的淘汰策略，籽瓜有西瓜這麼優越、出名的前輩在先，應該毫無競爭力可言，何以存活於市場呢？我好奇地追問攤主，才知曉它暗藏玄機、大有來頭。

籽瓜「不走尋常路」的「瓜途」

原來，零食家族中赫赫有名的產品西瓜子，便是籽瓜中飽滿發亮的種子。難怪我初見籽瓜的內部真面目時，竟有似曾相識之感……籽瓜是西瓜的子用型變種，繼承了西瓜的大部分外貌特徵，只是體型上比不過西瓜。無所謂，農民和我們比較關心的是它生產的種子，只要種子的品質和數量勝過西瓜就行。

雄花

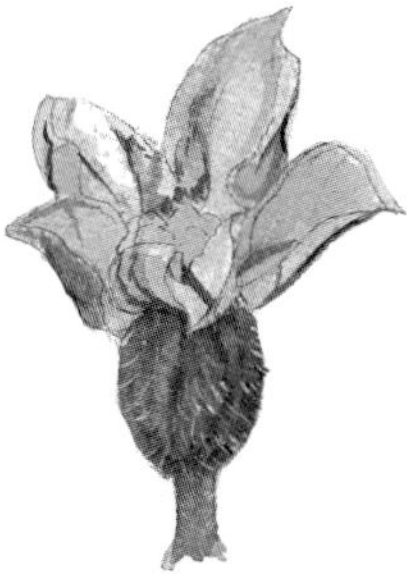

雌花

追查籽瓜的起源是件糾結的事。從多種官方資料和小道消息中挖出的資訊顯示，籽瓜是甘肅原產的栽培種，現在西北地方廣泛種植。可以肯定的是，野生西瓜起源於非洲南部和西部，在西元前二千多年埃及的尼羅河流域已有栽培，西元七世紀到達印度，三百年後進入中國，然後擴散至南歐，但因歐洲北部夏季的溫度限制了西瓜的產量，往北則進軍緩慢。隨後，歐洲殖民者和非洲奴隸把西瓜帶到美洲大陸，很快這款甘爽高產的「大水球」就俘獲了美洲原住民的胃，繼而在美洲大地上開闢了新天

地。野生西瓜味道呈多樣性，從清淡到苦、甜，均有開發利用價值。籽瓜便是園藝師們利用某種野生西瓜反覆研究琢磨出來的衍生品，最重要的功能是生產種子，中文全名為「籽用西瓜」。

根據種皮顏色不同，籽瓜的子被大體分成兩個派別：黑皮膚的黑瓜子和紅皮膚的紅瓜子。「黑派」主要駐紮在甘肅、新疆、內蒙古等地區；「紅派」歷史較悠久，長年占據廣西、寧夏、安徽、江西、湖南和廣東，總體呈現「南紅北黑」的生產格局。然而，不管黑瓜子還是紅瓜子，它們都身寬體平，飽滿有型，皮滑發亮，味美仁香，營養豐富，還蘊含吉祥之意。譬如紅瓜子，因種殼天生紅潤有光澤，一副喜慶之相，又被稱作「喜籽瓜」。

無論黑、紅，西瓜子一直是傳統出口的優質名產，亦是亞洲華人地區過節、待客、送禮、休閒、玩樂等獨具民俗風味的綠色食用佳品，備受廣大零食控的青睞。若在遙遠的歐洲或美洲見到西瓜子，肯定會令人從心中升起一股親近感，以及對故鄉的思念之情。

「買櫝還珠」的田園奇觀

瓜類種子一般富含蛋白質和脂肪，西瓜子也不例外。研究表明，西瓜子種仁的脂肪和蛋白質含量都很高，而其中人體必需的幾樣氨基酸也一應俱全，是種優質的油源兼蛋白質源。《本草求真》卷五記載：「籽瓜而入心脾胃，肉有解心脾胃熱，止渴的功能。」說明籽用西瓜具有一定的保健功效。雖然子多粒大影響口感，但西北人依舊愛吃這種奇特的水果，尤其是在乾燥的秋冬季，籽瓜隆重上市成為水果攤的主角，當地人會吃得更多，因為它能潤肺止咳、益肝健脾、利尿排毒，而且物美價廉。

第一次吃籽瓜，在水果攤老闆的熱情教導下，我試著吃完味淡清冽的瓤，並把子集中吐進空盤，因為老闆說這種子就是西瓜子，洗乾淨了可直接嗑，還順便對我講起了一件陳年往事：老闆的老家農田裡種了很多籽瓜，每到收穫季節，瓜農們就把收取的籽瓜一筐筐擺在村口馬路邊上，高喊著「免費吃瓜啦，吃瓜啦，免費的！」招呼過往行人前來吃瓜。這天下真有免費午餐？不錯，但有個條件——吃完瓤要留下子，瓜農們會收集瓜子回去洗淨，再賣給廠商加工成西瓜子。

所以每到籽瓜成熟期，瓜田附近路旁總會出現幾百號「人體取子機」，或站或坐或蹲，手捧切好的籽瓜，邊吃瓤邊吐子邊說笑，實乃一道有趣的田園風光……不知為啥，聽完老闆的故事後，我頓時覺得自己好像不該衝動買瓜，而該問問怎麼去他「免費吃瓜」的老家……

不過，目前對籽瓜的利用依然停留在以收取種子為主的階段，利用率甚低。可是瓜子只占籽瓜重量的五％至七％，而占籽瓜重量九三％以上的瓤和皮常被當作廢物白白丟棄，十分可惜。

不管怎樣，中國西北地方得天獨厚的氣候優勢是農民種出優質瓜果的必備條件，吃瓜「凶猛」是一定的，而這門「食瓜又嗑子」的專業吃法，更充分展現了饕客們的絕世智慧。

從花到果的奇妙旅程

既然籽瓜是西瓜的一個栽培變種，當然也跟著西瓜姓「葫蘆科西瓜屬」，是一年生蔓性草本植物，具粗壯捲鬚，全身披覆又密又長的柔毛。若有機會親臨籽瓜田（西瓜田也一樣），會發現籽瓜的花和我們常見的黃瓜花、絲瓜花、南瓜花十分相似——鮮黃色，花冠輻狀，五裂，裂片全緣，常在一片枝葉橫生間跳躍躲藏，充滿鄉村野趣。

西瓜這麼大，那它的花呢，是否在體積上也有「過人之處」？在接觸了植物學科後我才知道，幾乎沒有一朵單花比得過大西瓜的體形，也明白了花變成瓜的普世真理，其實是這樣的：西瓜屬的花有兩種，雌花和雄花長在同一植株的不同葉腋處，外觀也一樣。而子房則如同母親孕育胎兒的子宮，是花變成瓜的祕密所在。

黑子、紅子，不如自家炒的白子

乾貨市場上還常見一種與西瓜子相像的米白色軟殼瓜子，名曰「南瓜子」。不錯，它正是葫蘆科另一位著名成員——南瓜的種子。南瓜子遍布中國各地，擁有的粉絲數量超過籽瓜，不少家庭在吃瓜肉的同時，也懂得食用南瓜種子。與生吃籽瓜瓤和子不同，南瓜的種子要炒熟了才好吃。從前在家做南瓜菜之前，奶奶先掏出南瓜內裡與種子纏在一起的黃色瓜絡，再挑出種子沖洗乾淨，攤開晾在陽臺上。

幾天後，把晒乾的種子收起來，下鍋熱炒，加入粗鹽，炒至白色種殼微微

發黃，香飄滿屋，才出鍋盛於盤中。彼時我的口水已垂下不只三尺了。

西瓜子的非洲兄弟

實際上，非洲也有一款土生土長、主要用來吃種子的西瓜變種，叫黏籽西瓜（Egusi Seed Watermelon）。顧名思義，黏籽西瓜新鮮種子的表皮外裹著一層肉質黏瓤，但這層黏瓤隨著種子完全成熟會逐漸消失。黏籽西瓜是一年生草本蔓性植物，以野生狀態和半栽培方式廣泛分布於奈及利亞、迦納等國，是當地一種主要食材和經濟作物，綜合抗性較好，長勢強勁，其果瓤偏白、質硬，味苦、酸或無味，不宜食用，但種子形大、皮薄、仁厚，含有豐富的蛋白質和油脂。目前中國大陸尚未大規模引種這款「商業潛力股」。

有人做過實驗：讓黏籽西瓜和籽用西瓜分別自交，亦即把雄花的花粉授予同株雌花，又讓子代和親本雜交，結果表明黏籽西瓜的瓜瓤黏子性狀是由隱性基因控制的，相對而言，籽用西瓜的瓜瓤不黏子，則是由顯性基因控制的，所以，當我們剖開普通西瓜，看到種子「出漿肉而不染」時，便可推測該瓜子比較「活潑」。

這套實驗設計及其結論，源自生命科學發展史上最為人津津樂道的一個植物學研究故事——豌豆互交實驗，故事的主人翁是現代遺傳學之父孟德爾。有趣的是，孟德爾的本職是名默默無聞的修道士，卻獨立創建了一套至今仍然充滿生命力的經典實驗方案，並天才般地揭示了兩條遺傳學基本定律——基因分離規律及自由組合規律。這兩條定律還很貼近生活，比如，只要你知道父母雙方的血型，便可根據遺傳學三大基本定律（第三條「連鎖互換定律」是由果蠅的「極端愛好者」摩爾根發現的）來推測自己和兄弟姊妹的血型，當然前提是你還必須懂一點血型的顯、隱性知識。

蓮子 Lotus seed

千年流轉不改顏 · 嬌花藏子惹人憐

小時候背的許多古詩詞，到現在都忘得七七八八了，可漢朝樂府編的一首詩歌，我至今仍能脫口而出：「江南可採蓮，蓮葉何田田。魚戲蓮葉間，魚戲蓮葉東，魚戲蓮葉西，魚戲蓮葉南，魚戲蓮葉北。」

怎樣，這麼念一遍，你是否也覺得琅琅上口、韻趣十足呢？寫這詩歌的古人真有意思，明明跑去採蓮子，卻被蓮葉吸引了，反而專心致志地觀看蓮葉下的魚兒從東游到西，從南游到北。當然，這首詩描繪的主角——

Lotus seed

蓮，亦教人過目不忘、留戀不已，花可賞，子可嚼，莖可食，還留給世人諸多名篇佳句和奇妙故事。

出水芙蓉源於葉

相信不少人都吃過蓮子，可未必人人都見過蓮子的本來面目，有機會親自採蓮，體驗「泛舟荷花蕩，就地剝蓮子」野趣的人想必就更少了。

蓮，又名芙蓉，通稱荷花，乃蓮科蓮屬植物，為多年生水生草本。這「蓮姑娘」雖喜歡藏身水下，只露出花葉，但我們對它不見天日的根狀莖卻瞭若指掌，這就是我們熟悉的蓮藕。蓮藕在水下泥土裡橫行遊走，節部縊縮，上生黑色鱗葉，下生鬚狀不定根，體內有多條縱行通氣孔道，這些都是蓮莖適應水下生活的典型特徵。蓮葉則極富個性，葉面圓形，葉柄中空，從背部中央伸出，長一到二公尺，高舉著大葉片，形似一把雨傘或一個盾牌。

小時候，我家附近有個小水池，池中就零星長著幾株蓮，夏日我和小夥伴都喜歡到池邊玩耍，有時候玩得起勁了，也不顧天氣變化，如果下雨了，我們就隨手摘下片蓮葉蓋在頭上，絲毫不嫌麻煩，反而更添趣味。不過，摘蓮葉可要當心，葉柄上散生著許多小刺，雖然不扎肉，但棘手的感覺還是挺不舒服的。

出水芙蓉，亭亭玉立，清麗脫俗，人盡皆知，然而鮮有人知曉蓮花之奇。蓮花直徑十到二十公分，有清淡芳香；花瓣很多，通常從紅到白變化著，又長又寬，由外向內漸小，若湊近觀察會發現內側花瓣和幾枚雄蕊樣的玩意兒緊挨著長，其實那是花瓣變成了雄蕊。

花瓣變成雄蕊？你沒聽錯，實際上，從花的演化和發育的角度來說，雄蕊確實是由花瓣變化而來。建議你掀起外輪下垂的花瓣，是否看到了蓮花最周

邊幾枚粉綠漸變的萼片啦？然後對比你常見到的其他普通葉子，腦補一下葉子到萼片再到花瓣的轉變……也許三秒鐘後你便會恍然大悟。原來，很久很久以前，蓮與其他開花植物的祖先的花柄上，是著生多輪葉子的，這些葉子為了吸引蟲子注意，開始卸下綠裝，換成彩妝，同時調整葉形質地，使自己按一定順序安插在葉柄端上，形成一朵美麗耀眼的花。

有了葉子到花的演變階段作為想像基礎，我們大概就能順勢勾勒出內輪花瓣進一步變成雄蕊的大致路線了。對植物亦頗有研究的德國文學家兼博物學家歌德，對花器官正式下了第一個明確、精準的定義，很好地解釋了這一過程：花是適應繁殖功能的變態枝。如同毛毛蟲蛻變成蝴蝶，遠古時期的枝條也慢慢變出葉，為更好地實現繁殖功能，葉慢慢變出繁殖結構，枝的上部極度縮短，最後整個枝條便演化成一朵花了。或許你仍覺得這二者之間差異過大，跨越甚難，難以置信。不要緊，請你將思路稍微拐個彎，想一想不太討人喜歡的毛毛蟲到超級討人喜歡的蝴蝶之間的轉變吧……如此生動、普遍的實例，最多只需一個月即可完成超乎想像的變身，我們又為何不能接受植物花費幾十億年，把一根枝上的葉改造成雄蕊的事實呢？

蓮蓬臉上的「青春痘」

讓我們把思路拉回到眼前的蓮花上，重新來看看蓮花的「心臟」。蓮的雄蕊數很多，呈醒目的黃色，環繞中央黃綠色的「平臺」圍成一圈。這顯著凸起、高出周圍黃色雄蕊群的中央平臺，就是眾所周知的蓮蓬了。作為一個密集恐懼症患者，我個人是有點排斥近距離觀看蓮蓬「臉蛋」的，因為上面長了不少「青春痘」，它們很有秩序地排成幾輪，還各自露出一丁點嬌嫩、滏潤的「頭」。

那麼，這蓮蓬究竟是什麼？原來，蓮蓬的本質是花托。花托就是花柄頂端著生萼片、花瓣以及雌、雄蕊群的地方，通常會不同程度地膨大，根據花部「構件」的著生方式，形成各式各樣的形狀及附屬功能。多數種類的花托，如我們常見的月季、牡丹、石竹、百合、杜鵑等，相貌平平，不太引人注意，可是有些花托卻造型古怪，很容易抓住過客的眼光，除了腰果，還有蓮蓬也是這麼一

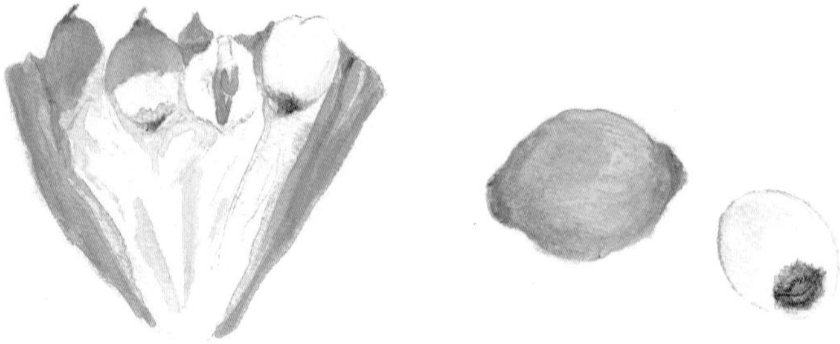

位。

絮絮叨叨說了一通，不知大家有沒有發現，蓮花的雌蕊還未正式登場。別急，那是因為雌蕊們太低調了，其實我已經提到它們了，只是它們一直害羞地躲在柔軟的蓮蓬中，不肯現真身。沒錯，蓮蓬上那些令密集恐懼症患者畏而遠之的「痘痘」們，正是矜貴的雌蕊群。雌蕊群分散離生，從具有海綿質感的蓮蓬裡生長出來，只探出接受花粉的柱頭，而把下半身終生藏於蓮蓬內，即使造「仁」成功，也從不跳出蓮蓬為其打造的洞穴狀溫床。

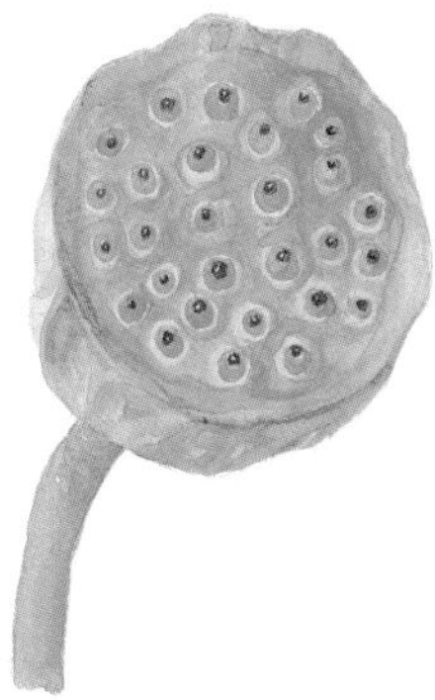

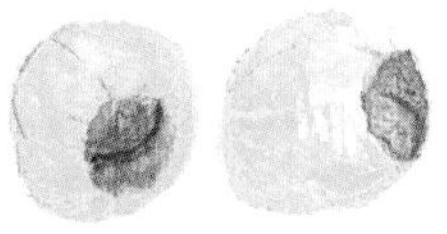

白嫩乾硬皆蓮子

我們吃的蓮子——蓮的種子，便是一顆顆藏身於蓮蓬之中。成熟時，採收的農民先把蓮蓬掰開，摳出青色閉合的堅果，新鮮蓮實的果皮革質有韌勁，硬而不堅，可用指甲掐出裂縫再剝開，露出裡面白嫩可人的種仁，瑩潤柔軟，惹人垂涎。當然，這嬌嫩樣貌僅出現在採摘後很短時間內。過不了一天，種仁便會迅速失水「衰老」，變得又乾又僵，晒上幾天，就成了市場上最常見、乾硬的「裸體」蓮子了。

一般「裸體」蓮子存放一段時間

後，會因自然氧化而呈現米色，有時我們也會碰到褐色的蓮子，這類蓮子不是由於過期變質了，而是蓮蓬完全成熟時才採收的蓮實，去除硬殼後會留下一層薄薄的紅褐色種皮黏著種仁，由此形成褐色蓮子。但你要是碰到表面雪白、蓮芯卻發黑的蓮子，那就別買了，因為很可能是經過硫磺薰製後的陳年蓮子。

現在，有些農民為節省時力，摘了一堆蓮蓬後，不再取種除殼，而是直接運到街上，打出「新鮮蓮子」的口號販售。若你看見了，不妨買個蓮蓬嘗一嘗，你會看到蓮蓬面上還殘留著雌蕊的柱頭呢。如果有機會親臨荷花蕩（**編按：位於中國江蘇省**），撐一葉木舟深入蓮叢，現場採食更鮮嫩的蓮子，最是妙趣無窮——但見碧空晴日下，秀麗的蓮花與豔綠的荷葉交相輝映，波光粼粼，魚戲葉間，人遊花影中，感受著身體裡滿滿的愉悅感，真是好不愜意。

每年七月，是蓮果即將成熟的季節，這時去蓮湖採食新鮮蓮子是最好的。彼時蓮蓬還未熟透，甚至極苦的綠色種芯尚未長出，種仁清甜柔嫩，與果實成熟後僵硬的口感截然不同。由於蓮實老化很快，酷暑間摘下來後，一天內也難以保持原始的美味，因此市場上賣的蓮蓬多多少少不如現場即摘即吃來得美

味。需要注意的是，採蓮子雖有趣，但也得選個陰涼的天氣，盛夏的湖面就像一面鏡子，反光很厲害，可要提前做足防晒措施；蓮的葉梗和花柄上都附著許多小刺，雖不尖銳，但與滲著含鹽汗液的皮膚頻繁地親密接觸，皮膚也不會高興，所以還是披件涼薄的長袖衫，再進荷花蕩嬉戲吧。

蓮子的營養成分也滿有意思，不是因為它富含補腦的元素，而是種仁的組成物質主要為澱粉。換句話說，蓮子的主要成分和小麥、水稻類似。另外，它的蛋白質及鉀、鈣、鎂、磷等元素含量較高，脂肪含量則很低，十分適合既想飽嘗美食又想保持身材的人士食用。

千年古蓮的穿越大戲

跟「採蓮子」有關的大部分古詩詞，描繪的都是江南靈秀、清雅的水鄉景致。北方雖然缺水，但各個城市大都會有一處知名的蓮花池。在北京，賞蓮的地方也很多，頤和園、圓明園以及植物園均是其中的勝地，但有一條「只准眼觀，不許手動」的規定，所以人們體會不到「採蓮子」的快樂。但是，北京的蓮亦有自己的招牌特色。

我在北京香山腳下的中國科學院植物研究所北京院植物園溜達時，曾幾次碰到遊客前來問路：

「聽說這園裡有千年古蓮，你知道在哪兒嗎，怎麼走？」

「你們從售票大門進來的嗎？」

「是的。」

「喏，你們一進門見到那開得很旺的蓮花就是了！」

「……」

幾句交談後，我瞭解到這些遊客多是從其他省市來旅遊的，聽聞北京有「千年古蓮開花」的奇蹟，特地趕來一睹風采。不過，他們恐怕會有點失望，因為傳說中的古蓮開出的花，其實與現代蓮花幾乎沒差別。

二十世紀二〇年代初，日本學者在中國遼寧省大連市轄區內的普蘭店市一帶進行地質考察時，首次挖掘到距今已有一千多年、保存完好的古蓮種子。

一九五三年，中國科學院植物研究所古植物研究室的徐仁教授，偶然得到了採自普蘭店市的五粒古蓮種子，便在實驗室內進行一系列保育處理，然後栽入潮溼肥沃的盆土中。

不料，過了幾天，這五粒古蓮子竟甦醒萌發，長出幼葉。科研人員驚喜不已，趕忙將這些幼苗挪到池塘裡栽培。一個多月後，古蓮種子又給人們帶來巨大驚喜——居然綻蕾開花了！五株蓮花，兩白、兩粉、一紫紅，形態特徵幾乎與現代蓮花一模一樣。當年秋季，花落果熟，古蓮的蓮蓬中安然躺著若干顆鮮活的種子。這簡直是現實版的植物穿越劇嘛！種子，作為子代生命體的載體，可長時間保護新生命體的雛形——胚，使其進入休眠狀態，以度過困難時期，古蓮正因此而得以穿越千年時光，來到現代開枝散葉，安家立業。

一九七五年，大連自然博物館的科學工作者也從普蘭店市的泥炭土層中，挖掘得到古蓮種子，後由大連市植物園進行培植，於五月初播種，到八月中下旬也開出蓮花。如此奇聞，不脛而走，引得市民爭相觀看，於是「古蓮開花」成一方佳話，聲名大噪。大連自然博物館還先後將古蓮子贈送給中國科學院和

日本北九州自然史博物館。經過這些科研單位的精心培育、播種，這些古蓮子同樣也都發芽、長葉、開花、結子了。

不管如何，幾朵容貌司空見慣的千年蓮花，就這樣以自身玄妙的傳奇經歷，把頤和園與圓明園的荷花群輕易秒殺了。

睡蓮非蓮

最後不得不提的是，許多地方在栽植蓮花的同時，也會種些睡蓮與其搭配。乍一看，蓮和睡蓮不僅名字只差一字，樣貌和生長習性也挺接近，非常容易混淆。事實上，它們是完全不同的兩個物種，甚至不是同一姓氏家族。說起來，幾年前，分類學家也以為蓮是睡蓮科的一員，但後來借助先進的研究方法和科學理論才確定，蓮及其姊妹應該從睡蓮家族獨立出來自立一科，曰「蓮科」。

不過蓮家族很單薄，現存的僅有蓮屬，蓮屬也僅存兩種，一種在亞洲和大洋洲，即中國栽培最廣的蓮，另一種產自北美洲。它們和睡蓮長得像，只是因為同樣生活在水中，趨同演化導致的結果罷了。好比同一個小鄉村長大的兩個孩子，文化觀念和生活習俗會比較相似，但不代表這兩人就有血緣關係。一般情況下，蓮的葉子常高高挺立於水面之上，睡蓮的葉子則貼浮在水面，據此，我們還是可以輕易區分蓮和睡蓮的。

Life系列 030

吃出堅果的學問

作　者—陳瑩婷
插　圖—張逸、韓蘇妮
主　編—邱憶伶
責任編輯—曾曉玲
責任企畫—葉蘭芳
美術設計—我我設計工作室 wowo.design@gmail.com
董事長
總經理—趙政岷
總編輯—李采洪
出版者—時報文化出版企業股份有限公司
一〇八〇三臺北市和平西路三段二四〇號三樓
發行專線：（〇二）二三〇六六八四二
讀者服務專線：〇八〇〇二三一七〇五・（〇二）二三〇四七一〇三
讀者服務傳真：（〇二）二三〇四六八五八
郵撥：一九三四四七二四時報文化出版公司
信箱：臺北郵政七九～九九信箱
時報悅讀網—http://www.readingtimes.com.tw
電子郵件信箱—newstudy@readingtimes.com.tw
時報出版愛讀者粉絲團—http://www.facebook.com/readingtimes.2
法律顧問—理律法律事務所　陳長文律師、李念祖律師
印　刷—華展印刷有限公司
初版一刷—二〇一六年四月十五日
定　價—新臺幣三二〇元
⊙行政院新聞局局版北市業字第八〇號

國家圖書館出版品預行編目(CIP)資料

吃出堅果的學問 / 陳瑩婷著.
--初版. --臺北市：時報文化，2016.04
面；　公分. --（Life系列；30）
ISBN 978-957-13-6600-5（平裝）

1.堅果類
435.313　　105004688

ISBN：978-957-13-6600-5
Printed in Taiwan